《中国道路的深圳样本》系列丛书

深 圳
生态文明建设之路

车秀珍　邢　诒　陈晓丹　主编

Shenzhen Shengtai Wenming Jianshe Zhilu

中国社会科学出版社

图书在版编目（CIP）数据

深圳生态文明建设之路／车秀珍，邢诒，陈晓丹主编 . —北京：中国社会
科学出版社，2018.11

ISBN 978 - 7 - 5203 - 3142 - 5

Ⅰ.①深…　Ⅱ.①车…②邢…③陈…　Ⅲ.①生态环境建设—研究—深圳
Ⅳ.①X321.265.3

中国版本图书馆 CIP 数据核字（2018）第 208641 号

出 版 人	赵剑英	
责任编辑	王　茵	马　明
责任校对	任晓晓	
责任印制	王　超	

出　　版	中国社会科学出版社
社　　址	北京鼓楼西大街甲 158 号
邮　　编	100720
网　　址	http://www.csspw.cn
发 行 部	010 - 84083685
门 市 部	010 - 84029450
经　　销	新华书店及其他书店

印刷装订	北京君升印刷有限公司
版　　次	2018 年 11 月第 1 版
印　　次	2018 年 11 月第 1 次印刷

开　　本	710×1000　1/16
印　　张	14.25
字　　数	227 千字
定　　价	59.00 元

《深圳生态文明建设之路》
编 委 会

领导小组

组　　　　长	刘初汉
副　组　长	王伟雄　刘德峰　卢旭阳
成　　　员	汪　斌　张亚立　刘佑华　赖葆松
	张志宇　张晓波　林振团

项 目 负 责 人	车秀珍
编写组负责人	邢　诒
技 术 负 责 人	陈晓丹
编 写 组 成 员	陈晓丹　孙芳芳　钟琴道　王　越
	袁　博　杨　娜　戴知广　王建玲
	黄爱兵

《中国道路的深圳样本》
系列丛书序言

编委会

今年是中国改革开放 40 周年。前不久，习近平总书记视察广东时强调，改革开放是党和人民大踏步赶上时代的重要法宝，是坚持和发展中国特色社会主义的必由之路，是决定当代中国命运的关键一招，也是决定实现"两个一百年"奋斗目标、实现中华民族伟大复兴的关键一招。[①] 40 年前，我们党团结带领人民进行改革开放新的伟大革命，坚持解放思想、实事求是、与时俱进、求真务实，不断革除阻碍发展的各方面体制机制弊端，开辟了中国特色社会主义道路，取得世人瞩目的历史性成就。40 年来，中国发生了翻天覆地的变化，GDP 年均增长约 9.5%，对外贸易额年均增长 14.5%，成为世界第二大经济体、第一大工业国、第一大货物贸易国、第一大外汇储备国，在经济、政治、文化、社会、生态文明、党的建设等各个领域取得了长足进步。实践证明，改革开放是推进社会主义制度自我完善与发展的另一场革命，是当代中国发展进步的活力之源，为实现中华民族伟大复兴提供了强大的历史动力，成为中国当代波澜壮阔历史的精彩华章。

---

① 参见《习近平在广东考察时强调：高举新时代改革开放旗帜　把改革开放不断推向深入》，2018 年 10 月 25 日，中华人民共和国中央人民政府网（http://www.gov.cn/xinwen/2018 – 10/25/content_ 5334458. htm）。

谈及改革开放，就不能不提到深圳。因为深圳经济特区本身就是改革开放的历史产物，也是改革开放的伟大创举和标志性成果。短短 40 年，深圳从落后的边陲农业县迅速发展成为一座充满魅力和活力的现代化国际化创新型大都市，GDP 年均增速达 22.2%，2017 年为 2.24 万亿元，居国内城市第三位、全球城市三十强；地方财政收入年均增长 29.7%，2017 年为 3332.13 亿元，居国内城市第三位；2017 年外贸出口总额达 1.65 万亿元，连续 25 年位居国内城市首位；人口规模从 30 多万人迅速扩容为实际管理人口超过 2000 万人。可以说，深圳经济特区创造了世界工业化、城市化、现代化的奇迹，也印证了中国改革开放伟大国策的无比正确性。在深圳身上，蕴含了解读中国、广东改革开放之所以成功的密码。就此而言，对深圳的研究与对中国、广东改革开放的研究，形成了一种历史的同构关系。作为一座年轻城市，深圳在近 40 年来的快速发展中，一直致力于对中国现代化道路的探索，这既包括率先建立和发展社会主义市场经济体制，从而对全国的经济改革和经济发展发挥"试验田"的先锋作用；也包括其本身的经济、政治、文化、社会、生态文明、党的建设等各个方面所取得的长足进展，从而积累了相当丰富的城市发展和社会治理经验。

在改革开放 40 周年之际，全面总结深圳改革开放以来的发展道路及其经验模式，既有相当重要的当下价值，对中国未来改革开放的进一步深化也具有非常深远的重要意义。2018 年 10 月，习近平总书记在视察广东时专门强调："党的十八大后我考察调研的第一站就是深圳，改革开放 40 周年之际再来这里，就是要向世界宣示中国改革不停顿、开放不止步，中国一定会有让世界刮目相看的新的更大奇迹。"[①] 总结好改革开放经验和启示，不仅是对 40 年艰辛探索和实践的最好庆祝，而且能为新时代推进中国特色社会主义伟大事业提供强大动力。要不忘改革开放初心，认真总结改革开放 40 年成功经验，立足自身优势、创造更多经验，在更高起点、更高层次、更高目标上推进改革开放，提升改革开放质量和水平，把改革

---

① 《习近平在广东考察时强调：高举新时代改革开放旗帜　把改革开放不断推向深入》，2018 年 10 月 25 日，中华人民共和国中央人民政府网（http://www.gov.cn/xinwen/2018 - 10/25/content_5334458.htm）。

开放的旗帜举得更高更稳。

为深入贯彻习近平新时代中国特色社会主义思想和党的十九大精神，贯彻落实习近平总书记重要讲话精神，庆祝改革开放40周年，总结深圳改革开放以来先行先试、开拓创新的经验和做法，系统概括深圳发展道路、发展模式及其对全国的示范意义，在深圳市委常委、宣传部部长李小甘同志的亲自部署和直接推动下，市委宣传部与市社科联联合编纂了《中国道路的深圳样本》丛书。这套丛书由《深圳改革创新之路（1978—2018）》《深圳党建创新之路》《深圳科技创新之路》《深圳生态文明建设之路》《深圳社会建设之路》《深圳文化创新之路》《未来之路——粤港澳大湾区发展研究》7本综合性、理论性著作构成，涵盖了经济建设、科技创新、文化发展、社会建设、生态文明建设、党的建设、粤港澳大湾区建设等众多领域，具有较高的学术性、宏观性、战略性、前沿性和原创性，特别是突出了深圳特色，不仅对于讲好改革开放的深圳故事、全方位宣传深圳有相当重要的作用，而且对于丰富整个中国改革开放历史经验无疑也具有非常重要的价值。

深圳改革开放的道路是中国改革开放道路的精彩缩影，深圳改革开放取得的成功也是中国成功推进改革开放伟大事业的突出样本。深圳的发展之路及其经验表明，坚持中国特色社会主义道路，不断深化改革开放，既是广东、深圳继续走在全国前列的重要保障，也是党和国家在新形势下不断取得一个又一个成果，实现中华民族伟大复兴的根本保证。而深圳作为践行中国特色社会主义"四个自信"的城市样本，它在改革开放40年所走的历程和取得的成果，是一个古老民族和国家在历经百年磨难之后，凤凰涅槃般重新焕发青春活力的一种确证，是一个走向复兴的民族国家从站起来到富起来、强起来伟大飞跃的生动实践。

站在改革开放40周年的历史节点，重温深圳改革开放的发展道路与国家转型的当代历史，在新的形势下，不忘初心、牢记使命，以新担当新作为不断开创深圳改革开放事业新局面，正是深圳未来继续坚持中国特色社会主义道路、继续为国家改革开放探路的历史使命之所系。正如广东省委常委、深圳市委书记王伟中同志所提出的，要高举新时代改革开放旗帜，大力弘扬敢闯敢试、敢为人先、埋头苦干的特区精神，把走在最前列、勇当尖兵作为不懈追求，推动思想再解放、改革再深入、工作再落实，打造新时代全面深化改革开放的新标杆，把经济特区这块"金字招牌"擦得更亮，朝着建设中国特色社会主义先行示范区的方向前行，努力创建社会主义现代化强国的城市范例。这一新目标也是深圳在新时代、新征程中肩负的重大历史使命，因此，应勇于担当、凝心聚力，奋发有为、开拓创新，继续深化改革、扩大开放，努力为实现中华民族伟大复兴中国梦作出新的更大贡献。

是为序。

2018 年 10 月

目　　录

引论　走出生态文明建设新路

——深圳经济特区的历史使命

深圳作为改革开放的前沿，一直在探索增长与发展、经济与环境的协调和统一，党的十八大创造性地将生态文明建设纳入了"五位一体"的中国特色社会主义事业总体布局，作出了把生态文明融入"四大建设"的各方面和全过程的战略部署，将生态文明建设提高到一个前所未有的高度。十九大报告也明确指出建设生态文明是中华民族永续发展的千年大计，第八次全国生态环保大会进一步总结阐释了习近平生态文明思想。深圳立足建市以来生态文明建设的丰硕成果，再次发挥先行先试的示范作用，率先回应党在十八大首次提出的"五位一体"总体布局，开展了一系列生态文明建设改革创新的研究与实践工作，为我国的生态文明改革积累了丰富的经验。

一　生态文明提出的历史背景

中华民族独特的"中""和""容"文化体系，蕴含着中华传统文化的生态智慧。儒释道三家都在追求人与自然的和谐统一。儒家讲求"仁民爱物"，万物一体而相互仁爱，主张天道即人道。道家崇尚"自然"，主张通过"道法自然"实现人道契合、人道为一。佛教虽为外来文化，但很好地实现了与中国本土文化的融合，佛教提出"佛性"为万物本原，其本质是佛性的统一，众生平等，其价值观在现实中的体现具体为一个"度"字，"度"就是分寸，就是节制，是一种节制合适的平衡，是一种协调共生的和谐，"度"不仅是中国人生活智慧、政治智慧，更是生态智慧的凝练表达。

1866 年，德国科学家海克尔在《生物体普通形态学》中首次提出"生态"的概念。20 世纪 20 年代出现了人类生态学的概念。1972 年，麻省理工学院丹尼斯·米都斯等教授撰写《增长的极限》，第一次向人们展示了在一个有限的星球上无止境地追求增长所带来的后果，引发了增长的极限大讨论。1972 年 6 月，联合国在斯德哥尔摩召开有史以来第一次"人类与环境会议"，通过了《人类环境宣言》，从而揭开了人类共同保护环境的序幕。1983 年，联合国成立了世界环境与发展委员会，1987 年，该委员会在题为"我们共同的未来"的报告中正式提出了可持续发展的模式。

根据对中国知网中国期刊全文数据库的检索结果，初步可以判断"生态文明"概念在中国出现于 20 世纪 80 年代中期。1985 年《光明日报》在国人爱研究动态栏目中，简明介绍了苏联《莫斯科大学学报·科学社会主义》中的一篇署名文章，篇名使用了"生态文明"这个词组。1987 年，我国生态学家叶谦吉首次使用生态文明，他从生态学和生态哲学的角度阐述生态文明。他认为，生态文明是既获利于自然又还利于自然，在改造自然又保护自然，人与自然之间保持着和谐统一的关系。1992 年，联合国环境与发展大会通过的《21 世纪议程》更是高度地凝聚了当代人对可持续发展理论的认识。

20 世纪 90 年代中后期，"生态文明"词语出现的频率明显增加，1999 年 4 月，时任国务院副总理的温家宝同志在全国绿化委员会上提出"21 世纪将是一个生态文明的世纪"①。此后，有较大突破意义的，是教育部面向 21 世纪教材《法理学》（2003 年修订后第二版）中增加了一章"法与生态文明"。2007 年 4 月，我国人学家张荣寰在《生态文明论》中首次将生态文明定性为世界伦理社会化的文明形态，提出中国需要"生态文明发展模式"，世界需要"生态文明进程"，理论模式为"全生态世界观"作为全逻辑的参照系，将人定位在全生态世界中最高全息的物种，提

---

① 潘岳：《生态文明知识读本》，中国环境出版社 2013 年版，第 5 页。

出世界伦理社会化的文明形态的生态文明概念和生态文明发展模式，文明环流体系作为人来到世界上就是为了人格、生态、产业的不断上升，以实现文明及其幸福的目的；中华民族的复兴必将启动中华民族生态文明发展模式，主要走人权生活化、新型城镇化、产业自优化的发展道路。

2007 年 10 月，党的十七大报告指出："建设生态文明，基本形成节约能源资源和保护生态环境的产业结构、增长方式、消费模式。循环经济形成较大规模，可再生能源比重显著上升。主要污染物排放得到有效控制，生态环境质量明显改善。生态文明观念在全社会牢固树立。"作为全面建设小康社会奋斗目标的新要求，生态文明被列入中国共产党的正式文献，这是我们党科学发展、和谐发展理念的一次升华。它体现了我党在理论思想战线的重大转变，是对马克思主义理论体系的一大贡献，体现了继物质文明（1978 年）、精神文明（1979 年）、政治文明（2002 年）到生态文明（2007 年）四位一体的中国特色社会主义文明发展历程。

2012 年 11 月，党的十八大把生态文明建设放在突出地位，号召全党、全国人民一定要更加自觉地珍爱自然，更加积极地保护生态，努力走向社会主义生态文明新时代。把生态文明建设放在突出地位，融入经济建设、政治建设、文化建设、社会建设各方面和全过程，努力建设美丽中国，实现中华民族永续发展。首次把"美丽中国"作为未来生态文明建设的宏伟目标，把生态文明建设摆在总体布局的高度来论述，表明我们党对中国特色社会主义总体布局认识的深化，把生态文明建设摆在五位一体的高度来论述，也彰显出中华民族对子孙、对世界负责的大国情怀。

2017 年 10 月 18 日，党的十九大胜利召开，十九大报告对生态文明建设和生态环境保护进行了全面总结和重点部署，习总书记在这次十九大报告里再次重申、再次强调，必须树立和践行"绿水青山就是金山银山"，"保护生态环境就是保护生产力，改善生态环境就是发展生产力"的理念。

二　党的十九大报告关于生态文明的重要论述

2017 年 10 月 24 日，中国共产党第十九次全国代表大会胜利闭幕，标志着中国特色社会主义进入了新时代。党的十九大后，《中国共产党中央委员会关于修改宪法部分内容的建议》公布，建议将"推动物质文明、政治文明和精神文明协调发展，把我国建设成为富强、民主、文明的社会主义国家"修改为"推动物质文明、政治文明、精神文明、社会文明、生态文明协调发展，把我国建设成为富强民主文明和谐美丽的社会主义现代化强国，实现中华民族伟大复兴"。

习近平总书记在十九大报告中深刻指出，人与自然是生命共同体，人类必须尊重自然、顺应自然、保护自然。新的时代，要加快生态文明体制改革，建设美丽中国。报告指出，我们要建设的现代化是人与自然和谐共生的现代化，既要创造更多物质财富和精神财富以满足人民日益增长的美好生活需要，也要提供更多优质生态产品以满足人民日益增长的优美生态环境需要。必须坚持节约优先、保护优先、自然恢复为主的方针，形成节约资源和保护环境的空间格局、产业结构、生产方式、生活方式，还自然以宁静、和谐、美丽。

党的十九大报告将建设生态文明上升到关系中华民族永续发展的千年大计的高度，首次把美丽中国建设作为新时代中国特色社会主义强国建设的重要目标，既以强烈的问题意识揭示了中国生态环境保护任重道远的形势，又满怀信心地描绘了美丽中国建设的宏伟蓝图，报告对生态文明建设和生态环境保护进行了全面总结和重点部署，提出了一系列新变革、新理念、新要求、新目标和新部署。

从新变革来看，将"生态文明建设成效显著"作为过去五年取得历史性成就、发生历史性变革的十大方面之一。这些成就的取得，为我们进一步推动工作奠定了基础，增强了信心。

从新理念来看，将"坚持人与自然和谐共生"作为新时代坚持和发展中国特色社会主义的基本方略的重要内容，同时提出生态文明建设是中华民族永续发展的千年大计等新论断，集中体现了习近平总书记生态文明建设重要战略思想。

从新要求来看，明确我国社会主要矛盾发生变化，我们既要创造更多的物质财富和精神财富以满足人民日益增长的美好生活需要，也要提供更多优质生态产品以满足人民日益增长的优美生态环境需要，这是统领当前和未来生态环境保护和生态文明建设的根本要求。

从新目标来看，提出到 2020 年，坚决打好污染防治攻坚战；到 2035 年，生态环境根本好转，美丽中国目标基本实现；到 21 世纪中叶，把我国建成富强民主文明和谐美丽的社会主义现代化强国，物质文明、政治文明、精神文明、社会文明、生态文明将全面提升。

从新部署来看，从推进绿色发展、着力解决突出环境问题、加大生态系统保护力度、改革生态环境监管体制等四个方面，对生态文明保护和生态文明建设进行部署。

这"五个新"，为推动形成人与自然和谐发展现代化建设新格局、建设美丽中国提供了根本遵循和行动指南，开启了生态文明建设的新时代。

三　生态文明的内涵和特征

（一）生态文明的定义

一般认为，生态文明就是人类在自然界活动时积极协调人与自然的关系，努力实现人与自然的和谐发展状态。另有人指出，生态文明是指人们在改造和利用客观物质世界的同时，不断克服由此所产生的对人和社会的负面影响，积极改善和优化人与自然、人与人的关系，建设有序的生态运行机制和良好的生态环境所取得的物质、精神、制度方面成果的总和。也有人认为，生态文明是指人类遵循人、自然、社会和谐发展这一客观规律而取得的物质与精神成果的总和，是指以人与自然、人与社会、环境与经济和谐共生、良性循环、全面发展、持续繁荣为基本宗旨的文化伦理形态。

对于"生态文明"概念，不同的学者从不同的角度给出了见解，这有助于更深层次把握生态文明的内涵。归纳起来，大致有如下四点：

广义的角度。生态文明是人类的一个发展阶段。如陈瑞清在《建设社会主义生态文明，实现可持续发展》中提到的观点，认为人类至今已经历了原始文明、农业文明、工业文明三个阶段，第一阶段是原始文明，在这一时期，人们必须依赖集体的力量才能生存，物质生产活动主要靠简单的采集渔猎，历时上百年；第二阶段是农业文明，在这一时期，由于铁器的出现使人改变自然的能力产生质的飞跃，历时一万年；第三阶段是工业文明，这一时期开启了人类现代化进程，人类盲目地改造自然、征服自然，环境污染和生态破坏使人的生存和发展面临着严峻的挑战，这一阶段历时三百年。在对自身发展与自然关系深刻反思的基础上，人类即将迈入生态文明阶段。生态文明就是在生态危机日益严重的背景下，在对人的活动意义进行深刻反思之后提出的变革目标。

狭义的角度。从实际工作中，更为狭义的角度则认为生态文明是社会文明的一个方面。如余谋昌在《生态文明是人类的第四文明》中的观点。这种观点认为，生态文明是继物质文明、精神文明、政治文明之后的第四种文明。物质文明、精神文明、政治文明与生态文明这"四个文明"一起，共同支撑和谐社会大厦。其中，物质文明为和谐社会奠定雄厚的物质保障，政治文明为和谐社会提供良好的社会环境，精神文明为和谐社会提供智力支持，生态文明是现代社会文明体系的基础。

发展理念的角度。生态文明是一种发展理念。该观点认为，生态文明与"野蛮"相对，指的是在工业文明已经取得成果的基础上，用更文明的态度对待自然，拒绝对大自然进行野蛮与粗暴的掠夺，积极建设和认真保护良好的生态环境，改善与优化人与自然的关系，从而实现经济社会可持续发展的长远目标。

制度属性的角度。生态文明是社会主义的本质属性。潘岳在《论社会主义生态文明》中认为，资本主义制度是造成全球性生态危机的根本原因。生态问题实质是社会公平问题，受环境灾害影响的群体是更大的社会问题。资本主义的本质使它不可能停止剥削而实现公平，只有社会主义才能真正解决社会公平问题，从而在根本上解决环境公平问题。因此，生态文明只能是社会主义的，生态文明是社会主义文明体系的基础，是社会主义基本原则的体现，只有社会主义才会自觉承担起改善与保护全球生态环境的责任。

生态文明的发展提示人类生态文明不仅是伦理价值观的根本改变，而且也是生产方式、生活方式、社会结构的转变，是人类社会继农业文明、工业文明后进行的一次新选择。潘岳在《生态文明知识读本》中指出：生态文明是以人（社会）与自然和谐共生为核心价值观，以建立可持续的生产方式、产业结构、发展方式的消费模式为内容，引导人们走科学、和谐发展道路为目标的文化伦理形态；是人类积极改善和优化人与自然关系，建设互相依存、互相促进、共处共融生态社会而取得的物质成果、精神成果和制度成果的总和。

（二）生态文明的理论基础

1. 环境伦理学思想

环境伦理学研究和讨论的是生态环境中人类的伦理道德，是人类如何保持地球上生态环境的可持续发展、人类如何在发展生产、发展经济和提高人类的物质文明和精神文明的同时，更加合理、更加科学地来对待自然和保护生物，从而更好地协调人和人之间的关系的学科。环境伦理学的研究对象包括了人与自然的道德关系和受人与自然关系影响的人与人之间的道德关系两个方面，前者是环境伦理学的理论基础，后者是对一定社会中人类行为的环境道德规范研究。

2. 城市生态学理论

城市生态学是以城市空间范围内生命系统和环境系统之间的联系为研究对象的学科。城市生态学以生态学理论为基础，应用生态学和工程学的方法，结合多学科综合与融会，研究以人为核心的城市生态系统的结构、功能、动态，以及系统组成成分间和系统与周围生态系统间相互作用的规律，并利用这些规律优化系统结构，调节系统关系，提高物质转化和能量利用效率以及改善环境质量，实现结构合理、功能高效和关系协调，从而为城市环境、经济和社会的可持续发展寻求对策和出路。

3. 循环经济学的理论

循环经济学是研究人类按生态学规律进行经济活动的一门科学。循环经济是以资源高效利用和环境友好为特征的社会生产和再生产活动，是新的生产方式。与传统增长模式的区别在于：传统的经济增长将地球当作无穷大的资源库和排污场，一端从地球大量开采资源生产消费性产品，另一端向环境排放大量的废水、废气和废渣，以"资源—产品—废弃"为表现形式，是线性的增长模式。

循环经济要求在生产和再生产的各个环节循环利用一切可用资源，提高资源利用效率，按物质代谢或/和共生的关系延伸产业链，以"资源—

产品—废弃—再生资源"为表现形式，是集约化的增长模式。循环经济是用可持续发展的思路解决资源约束和环境污染之间的矛盾，是实现人类社会可持续发展的有效途径。

4. 人类生态学理论

人类生态学是研究人与生物圈相互作用、人与环境、自然协调发展的科学。它以人类—社会—经济复合的人类生态系统为研究对象，其核心任务就是以城市生态系统和农业生态系统的可持续发展作为社会和经济可持续发展的基础和目标，研究可持续发展的生态体制建设、生态工程建设和生态产业建设，研究生态文化和生态伦理建设，从而实现可持续发展。

（三）生态文明的内涵

生态文明是一种崭新的现代文明形态，也是中国特色社会主义生态文明体系的一个重要组成部分。建设生态文明，不同于传统意义上的污染控制和生态恢复，而是克服工业文明弊端，探索资源节约型、环境友好型发展道路的过程。在思想上，应正确认识环境保护与经济发展的关系；在政策上，应从国家发展战略层面解决环境问题；在措施上，应实行最严格的环境保护制度；在行动上，应动员全社会力量共同参与保护环境。生态文明的核心是人与自然和谐的价值观在经济社会发展中的落实及其成果的反映，它摒弃人类破坏自然、征服自然、主宰自然的理念和行动，倡导在经济社会发展中尊重自然、保护自然、合理利用自然，并主动开展生态建设，实现生态良好、人与自然和谐。

1. 理论内涵

建设生态文明包括生态经济、生态环境、生态文化以及生态制度保障。以人与自然和谐为指引，构建尊重自然、顺应自然、保护自然的生态环境和人居体系；以人与人和谐为内涵，培育平和友善的生态文明意识；以经济与环境和谐为宗旨，通过转变认识、革新执政理念、发展生态产业、保护生态环境、改善生活方式、优化人居环境，推动深圳市生态文明进程。

（1）生态经济

生态文明不仅是一种思想和观念，不仅是理性的理想境界，同时也是一种过程，一种体现在社会行为中的过程。环境问题究其本质，是经济结构、生产方式和发展道路问题。自然生态环境出了问题，应当从经济发展方式上找原因，正确的发展道路就是正确的环境政策，正确的环境政策有利于维护人民群众身体健康，有利于促进经济社会可持续发展。

生态经济是一种尊重生态原理和经济规律的经济类型，它强调把经济系统与生态系统的多种组成要素联系起来进行综合考虑与实施。其核心是经济与生态的协调，可以说生态经济的产生和发展，是人类对人与自然关系深刻认识和反思的结果，也是人类在社会经济高速发展中陷入资源危机、环境危机、生存危机深刻反省自身发展模式的产物。它的本质就是把经济发展建立在生态可承受的基础上，在保证自然再生产的前提下扩大经济的再生产，形成产业结构优化、经济布局合理、资源更新和环境承载能力不断提高，经济实力不断增强，集约、高效、持续、健康的社会经济—自然生态系统。

生态经济是一种新的生产观，坚持清洁生产、环保生产，既要节约资源，又要提高自然资源的利用效率。从生产的源头和全过程充分利用资源，使每个企业在生产过程中少投入、少排放、高利用，达到废物最小化、资源化、无害化。生态文明是一种新的经济观，用生态学和生态经济学规律来指导生产活动。经济活动要在生态可承受范围内进行，超过资源承载能力的经济循环会造成生态系统退化。生态经济是一种新的价值观。在考虑自然资源时，不仅要利用资源，而且需要维持良性循环的生态系统。在考虑科学技术时，既要考虑其对自然的开发能力，又要提高自然资源的利用效率。生态经济是一种新的系统观。生态经济要求人类在考虑生产和消费时要将自己作为这个大系统的一部分来研究符合客观规律的经济原则。要从自然—经济大系统出发，对物质转化的全过程采取战略性、综合性、预防性措施，实现区域物质流、能量流、资金流的系统优化配置。

（2）生态环境

生态环境是生态文明的建设基础，清澈的河流、洁净的空气、安静的环境是市民生活、工作开展的基本基础，同时也是生态文明建设最直观的建设成果。一方面要处理经济和社会发展带来的巨大环境压力，走环境和经济双赢的发展之路；另一方面，作为制造环境压力的污染者，同时又是环境建设者，处理好两种角色的平衡，才能创造和谐的人—自然—经济平衡，从而在维持社会经济发展的同时，维护良好的生态环境。

（3）生态人居（生态格局）

城市生态人居系统是充分贯彻了生态人居要求的人类聚集区的生态与社会的复合系统。这一概念，充分体现了人居环境的生态化，是宜人居住概念中最有发展前途的一种生态宜居模式。生态人居是一个综合概念，不仅强调居住的概念，而且要求为人性而打造的居住环境。生态人居含三个环境，生态环境、社会环境和居住环境。要求的是人与环境的和谐统一。在这个综合的生态人居环境中，人的生态状态、生存状态、生活状态都达到最佳。我们将人类居住中三个尺度的划分，区分为三个层面的生态系统，即：整个区域环境、社区环境和住宅环境；形成区域生态人居环境，社区生态人居环境，住宅生态人居环境。三个尺度的生态人居系统中，包括水环境、植物环境、动物环境、建筑环境、景观、交通等作为一体化的结构，形成最宜于居住的生态居住系统。"生态人居系统"，是一个人性化的合理、节约、高效、和谐的居住环境的综合系统。

（4）生态文化

在生态文明建设的过程中，如果缺乏生态意识的支撑，人们的生态文明观念淡薄，生态环境恶化的趋势就不能从根本上得到遏止。建设生态文明要求我们必须大力培育生态文明意识，使人们对生态环境的保护转化为自觉的行动，为生态文明的发展奠定坚实的基础。

生态意识文明的培育和建立立足于两点：一是对生态环境问题的感知程度，这些环境问题包括环境污染状况、环境污染原因、环境污染后果、环境保护措施、周围人群环境保护的行为等；二是对生态环境问题的关注程度，当前公众在生态环境问题关注程度主要集中在眼前的环境问题和与自己关系密切的环境问题。

生态意识的培育只是前提，在生态意识形成的前提下，形成绿色生活、绿色消费习惯，才能在全社会形成生态文化氛围。

（5）生态制度

保护环境，建设生态文明，不仅需要人类的道德自觉，同时更需要社会制度的保障。生态制度文明建设的根本宗旨是，让人们了解各种保护自然、保护环境的制度、法规和条例，从而更加自觉地遵循自然生态法则。生态制度文明，是生态环境保护和建设水平、生态环境保护制度规范建设的成果，它体现了人与自然和谐相处、共同发展的关系，反映了生态环境保护的水平，也是生态环境保护事业健康发展的根本保障。

生态制度文明必须满足三个条件：一是制定了促进生态文明建设的制度，而且这些制度规范是较为完善的，从本质上看，所制定的生态环境保护制度反映了生产力发展水平，反映了生态环境的现状和环境保护与建设的实际水平，既不滞后于实际，又不是盲目地脱离现实的超前；从立法技术看，制度规范含义言简意赅、通俗易懂、准确而无歧义。二是这些生态环境保护制度得到了较为普遍的遵守，人们的环境伦理道德水平较高，人们熟悉生态环境保护制度，人们主动执行这些制度规范，主动与生态环境保护违法行为做斗争。三是生态环境保护和建设取得了明显成效，生态环境保护制度得到了比较全面的贯彻执行。

2. 实践内涵

生态文明观的核心是"人与自然协调发展"。从生态文明的实践内涵看，主要包括先进的生态文化、完善的生态制度、发达的生态经济、适度的生态生活和良好的生态环境。先进的生态文化是建设生态文明的前提，强调在尊重自然的前提下利用和保护自然，给生态环境以平等态度和人文关怀，生态文明意识在全社会牢固树立。完善的生态制度是生态文明建设的保障，要结合制度创新，把环境公平与正义贯穿到经济社会决策和管理的各个方面。发达的生态经济是建设生态文明的根本途径，要以发展绿色、循环和低碳经济实现经济的生态化，同时以建立体现自然资源和生态环境价值的市场机制实现生态的经济化，从根本上解决经济发展与资源环境的矛盾。适度的生态生活是建设生态文明的关键，要从衣、食、住、行各个方面改造生活方式、消费模式，体现人与自然的和谐共生。良好的生态环境是生态文明建设的内在要求和立足点，只有创造良好的生态环境，才能真正实现经济社会的全面协调可持续发展。总而言之，建设生态文明需要树立以"和谐"为宗旨的生态伦理观念，建立以"协同"为基础的生态制度框架，推进以"循环"为特征的生态经济发展，营造以"适度"为准则的生态生活氛围，构筑以"优先"为前提的生态环境安全体系。

生态文明建设是一个系统工程，从本质上要求融入经济建设、政治建设、文化建设、社会建设的各方面和全过程。在政治制度方面，生态文明要进入政治结构、法律体系，从制度和法律上确认生态文明；在经济建设方面，生态文明建设要不断创新生态技术，改造传统的物质生产领域，形成新的产业体系和发达的生态经济，如发展循环经济、生态农业和绿色产业等；在生态环境保护方面，生态文明建设要治理受污染环境、优化生态功能，着力构建自然主导型还原体系，保障优良的生态环境系统；在精神文化领域，生态文明建设要创造生态文化形式，包括环境教育、环境科技、环境理论等，培育节约友好的生活方式和消费意识。这几个方面相互影响，相辅相成，紧密联系。

生态文明建设的成果，将成为前四大建设的重要支撑。通过破解发展的资源环境约束、塑造新兴绿色产业推动经济建设；通过解决关系群众切身利益的环境问题，加深上层建筑与群众需求的紧密联系，推动政治建设；通过弘扬生态文明、提高环境意识推动文化建设；通过提升环境质量，维护和改善民生推动社会建设。同时，生态文明建设的软肋，也将成为前四大建设的重大约束。生态是生存之基，环境是发展之本，生态环境的破坏必将阻碍经济发展，影响社会和谐，侵蚀伦理价值，甚至波及政治安危。

生态文明是指科学上的生态发展意识、观念上的和谐生态发展、战略上全面协调的可持续发展态势、环境管理上健康有序的生态运行机制、经济社会生态的良性循环发展，以及由此保障的人和社会的全面和谐发展。生态文明观强调人与自然相互依存、相互促进、共处共荣，强调人的自觉与自律。建设生态文明，实质上就是要建设以资源环境承载力为基础、以自然规律为准则、以可持续发展为目标的资源节约型、环境友好型社会。

四　深圳生态文明建设的主要进程与成效

深圳市是改革创新的排头兵和试验田，改革创新是深圳的"根"和"魂"，是深圳经济社会发展取得辉煌成就的强大动力。为贯彻落实中央、省委、市委关于推进生态文明建设，打造"美丽深圳"的战略部署，深圳环保人充分认识到推进环保改革创新的重要意义，弘扬改革创新精神，一直持续推动特区人居环境工作"转型、转变、转身"。早在2007年，深圳市下发"一号文件"——《中共深圳市委 深圳市人民政府关于加强环境保护 建设生态市的决定》，环境保护在深圳被提到前所未有的战略高度。2008年，深圳市被列为环保部首批生态文明试点城市之一，同年在赴新加坡"跨海取经"的基础上广泛调研，颁布了《深圳生态文明建设行动纲领（2008—2010）》及9个配套文件和80个生态文明建设工程等系列文件，简称"1980文件"，是全国首个专题围绕生态文明城市建设而提出的地方政府文件。深圳作为试点城市，2010年承担了探索研究生态文明建设指标体系研究的任务，2012年启动生态文明建设规划研究工作，两项研究均获得广东省环境保护科学技术奖。在规划研究的基础上，2014年4月，《中共深圳市委 深圳市人民政府关于推进生态文明、建设美丽深圳的决定》颁布，同年10月，中共深圳市委办公厅、深圳市人民政府办公厅印发《关于推进生态文明、建设美丽深圳的实施方案》，并实施。

虽然深圳空间狭小、资源禀赋不足、环境容量小，存在先天不足，但在市委、市政府的带领下，三十年如一日，不断推进生态文明制度建设和体制机制创新，践行"生态立市""环境优先"理念，推动形成绿色、循环、低碳发展的制度体系，在经济社会高速发展，经济总量、产业规模、人口数量持续上升的同时，将生态环境质量保持在较好水平。先后获得"国际花园城市""环境保护全球500佳"、联合国"人居荣誉奖"和"保护臭氧层示范城市""全国绿化模范城市""国家园林城市""国家环保模范城市"等荣誉称号，深圳的万元GDP能耗、PM 2.5浓度等重点生态指标在全国副省级以上城市中均处最好水平，成为深圳的城市名片，为全国生态环保改革提供了有益的经验。

党的十九大开启了生态文明建设的新时代，新的发展阶段，党中央、国务院提出建设生态文明、深化生态文明体制改革，习总书记要求深圳牢记使命、勇于担当，大胆探索、勇于创新，在"四个走在全国前列"中创造新业绩。深圳作为全国改革的实验区，承担着在改革迈进攻坚期和深水区的关键阶段先行一步，突出改革创新，着力提升绿色发展品质的天然使命，按照党中央的部署继续开展生态文明改革创新探索，既是打破影响发展的空间、资源和容量制约，构建发展新动力、竞争新优势的重要途径，又是落实中央"五位一体"总体布局的重要措施，新时期的改革使命为深圳的生态文明建设和生态环境保护注入了新动力。

第一章　深圳经济特区生态
文明道路选择

　　作为经济特区，深圳肩负着改革开放"排头兵"和"试验田"的历史使命，这决定了深圳必须借鉴国外先进的发展经验，在经济建设之外，还应考虑社会、人口和生态的协调发展，经过历届市委市政府的反复论证实践，最终确立了深入贯彻落实科学发展观，以"生态立市"为指引，推动实现可持续发展，积极探索提升生态文明建设水平的深圳战略。

第一节　可持续发展：引领文明的一种发展模式

　　20 世纪中叶以来，随着全球经济飞速增长，生态环境遭受到了前所未有的破坏，全球性生态危机席卷地球，人类生存和发展面临着空前的危机。人类经过 300 多年的工业化进程，物质生产已经达到较高水平，自然资源消耗越来越多，环境污染越来越严重，大气污染、水污染、土壤退化、沙漠扩大、森林砍伐和物种消失等生态环境问题，已经严重影响到了地球表面的碳平衡、水平衡和热平衡等。1962 年，图书《寂静的春天》的出版开始引起我们的地球是否可以任由人类随意发展的思考。1968 年，世界性民间团体罗马俱乐部成立，于 1972 年出版的图书《增长的极限》指出，指数增长的人口，和有限的地球资源及自净能力，不加干预的后果将在 21 世纪爆发全球性的生态环境灾难，引起全球各国对于当代环境问题的共同探讨。1972 年，联合国在斯德哥尔摩通过《人类环境宣言》。1982 年，联合国《内罗毕宣言》指出，发展经济必须考虑生态、人口、资源、环境和发展之间的关系。1987 年，世界环境与发展委员会的研究报告《我们共同的未来》中正式提出"可持续发展"的概念。

在解决环境问题的长期探索中，国际社会逐渐认识到，单纯依靠控制污染和治理技术是无法解决日趋复杂和广泛的环境问题的。只有实现生态可持续性和经济可持续性，人类才有可能实现自身的可持续发展。可持续发展也被认为是在不损害后代人满足其自身需要的能力之前提下满足当代人需要的发展。从此，走可持续发展之路成为世界各国政府的共识。1992年联合国在巴西里约热内卢召开环境与发展大会，这是联合国历史上级别最高、规模最大的一次会议。大会通过《里约环境与发展宣言》和《21世纪议程》等文件，从此，"可持续发展"成为全世界制定发展战略过程中遵守的一个中心概念。

工业革命和信息革命以来，"绿色革命"已成为新一轮全球发展转型的催化剂。以绿色经济为核心的"绿色革命"正席卷全球，欧、美、日等主要发达国家纷纷制定和推进绿色发展规划，此次"绿色革命"被称为人类历史上的第四次工业革命，是 21 世纪人类最大规模的经济、社会和环境的总体革命。2008 年以来，世界各国和组织纷纷采取措施推动绿色发展，如制定绿色增长战略、建立绿色社会、加强绿色投资等，将绿色发展作为提升国家综合竞争力并使之成为占领全球制高点和领先地位的重要标准。2008 年，联合国环境规划署（UNEP）发起了绿色经济倡议。2009年，全球领导人在 G20 伦敦峰会上达成了"包容、绿色以及可持续性的经济复苏"共识。2010 年，经济合作和发展组织（OECD）发布了"绿色发展战略"报告。欧盟的"欧洲 2020 计划"将绿色发展作为提高竞争力的核心战略。这些国际倡议的共同主题就是将全球环境挑战融合到综合经济决策中，其重点在于促进绿色投资、绿色消费和绿色创新在可持续的经济复苏、消除贫困与长期经济发展过程中发挥重要作用。深圳市要取得建设中国特色社会主义示范市和现代化国际化先进城市的新进展，必须牢牢抓住此次千载难逢的"绿色"发展机遇，抢占新一轮经济竞争的"制高点"，把发展绿色经济作为全市经济发展方式转变新的驱动力和科学发展新的经济主引擎，否则，在未来的竞争中将处于被动，甚至可能陷于"绿色壁垒"的围困之中。

我国是率先引进"可持续发展"概念的国家之一。在 1992 年联合国环境与发展大会之后，1993 年中共中央、国务院发布了《中国环境与发展十大对策》。1994 年国务院发布了《中国 21 世纪议程——中国 21 世纪人口、环境与发展白皮书》，这是全世界第一部国家级的《21 世纪议程》。在国务院召开的第四次全国环境保护会议上，江泽民主席强调"必须把贯彻实施可持续发展战略始终作为一件大事来抓"。从此，"可持续发展"在我国不再是一般概念的使用，而是成为国家战略的中心内容。

2010 年 11 月 14 日，时任国家主席胡锦涛在亚太经合组织第十八次领导人非正式会议上发表了题为"深化互利合作 实现共同发展"的重要讲话，指出要积极应对气候变化，大力发展绿色经济，培育新的经济增长点。2009 年 11 月 30 日，温家宝总理在第五届中欧工商峰会上发表了题为"发展绿色经济，促进持续增长"的重要讲话，指出要为子孙后代留下一个赖以生存和发展的地球家园，就必须推进绿色发展、循环发展和持续发展。2010 年 4 月 10 日，时任国家副主席习近平出席博鳌亚洲论坛 2010 年年会开幕式并发表题为"携手推进亚洲绿色发展和可持续发展"的主旨演讲，强调绿色发展和可持续发展是当今世界的时代潮流。《国民经济和社会发展第十二个五年规划纲要》也明确提出，要以科学发展为主题，以加快转变经济发展方式为主线，实现绿色发展，把建设资源节约型、环境友好型社会作为加快转变经济发展方式的重要着力点，提高生态文明水平，走可持续发展之路。

第二节 国外的经验与教训

为了应对日益严峻的资源环境问题，实现可持续发展的目标，自 20 世纪六七十年代起，世界各国都在探寻城市发展的新模式。

一 按发展模式划分

20 世纪 60 年代以后，发达国家在经济高速增长阶段，几乎都经历过不同程度的空气污染，多数发达国家是在严重污染事件发生后才着手治理环境。进入 90 年代后，越来越多的国家承诺共同走可持续发展的道路，在生态城市的发展过程中更加注重协调好城市环境、城市经济发展和城市社会发展之间的关系。在生态城市建设过程中，按如何处理城市环境与经济社会之间的关系，可划分为先污染后治理型模式和协调可持续发展模式。

（一）污染治理型模式

继工业革命使欧洲城市出现严重环境问题后，20世纪50年代以来，以伦敦、日本等国为代表的工业化城市随着社会经济的高度发展，特别是其工业的大发展，城市环境也逐渐恶化。全球范围内都市环境污染问题日益严重，灾难性事件频发，逐渐危害人类的健康和生存。针对城市发展中普遍存在的环境和生态窘状，从治理污染、维护居民健康、改善人居环境的角度，对以世界七大公害，即大气污染、水质污浊、土壤污染、噪音、震动、地基下沉、恶臭为对象进行环境治理成为城市发展中的重要环节。其中日本水俣市（Minamata City）、瑞典斯德哥尔摩市（Stockholm）和美国波特兰市（Portland）等城市是针对城市环境污染进行生态城市建设的典型。

日本水俣市通过政府在日常工作中带头实施环境计划，清洁中心对垃圾进行资源化和无害化处理，污水全部经过处理后排放，中小学校开展环境ISO活动等一系列措施，使水俣市从一个严重公害发生地变成了环境模范城市。日本四日市也采用此类模式进行生态城市建设，取得了良好效果。斯德哥尔摩市曾是一个空气污浊、水污染严重，甚至不能在湖中游泳的工业城市，但经过一系列努力后，现在已成为世界著名的生态城市。波特兰市是美国俄勒冈州最大的城市，在20世纪60年代末，波特兰市也像其他许多城市一样处于困境之中——交通拥堵、住房紧张、环境恶化等，为此制定了新的城市规划法案来解决城市问题，推动城市的可持续发展。经过多年的不断努力，被评为全美步行环境最好的城市之一。

（二）协调可持续发展型模式

当人类面对日益严峻的环境和资源问题时，世界各国已经承诺共同走向可持续发展的道路，未来城市如何发展已引起各国政府的高度重视，人们越来越认识到工业文明对城市发展带来的一系列问题，越来越渴望拥有高效合理的人居环境。生态城市就是未来人类可持续聚居模式之一，因此生态城市的建设必须以可持续发展的思想为指导，因地制宜，建设最理想的人居环境。国际生态城市运动的创始人美国生态学家雷吉斯特认识到传统的生产方式对城市发展带来的巨大危害，1975 年他创建了"生态城市建设者"组织，并在伯克利开展了一系列活动，促进了生态城市思想的传播。在他的影响下，美国政府重视发展生态农业和建设生态工业园，有力地促进了城市可持续发展。此外，芬兰的维累斯城是结构和功能与自然和谐的、可持续发展的生态城市典范。

芬兰的维累斯城是结构和功能与自然和谐的生态城市。维累斯城是芬兰坦佩雷市与伦普市交界处的一片新城市地区，也是 21 世纪芬兰正在进行的最大的城市开发项目之一，整个开发区面积为 12.56 平方千米。由于维累斯城是一个典型的处于森林中的"绿色地区"，优美的自然环境和丰富多样的生态结构是这个区域最典型的特征。因此特殊的地理和自然条件使得维累斯城在规划的一开始就明确了建设生态城市的目标和原则，紧密结合自然，实现城市结构、功能与环境的和谐共生是维累斯城开发建设的宗旨。最基本的规划目标是保护敏感脆弱的生态环境，考虑地段内丰富的地形地貌以维护区域有价值的自然特征、保持生态多样性、改善地区微气候和现存水系等。

二　按组织模式划分

按照生态城市建设主体及组织形式的不同，发达国家发展生态城市的主要组织模式可以划分为政府导向型和社区（组织）驱动型。政府导向型是指政府以市场化的财政手段以及非市场的行政力量，通过制定法律法规，组织和管理生态城市建设，从发起到规划再到执行的整个过程都是由政府控制主导。社区驱动型（生态组织推动）基于生态环境建设与保护目的成立的非政府组织，开展生态环境建设活动。一些生态组织在生态城市建设方面开展了有益的尝试，获得了宝贵的实践经验，开拓了生态城市建设的组织新形式。

（一）政府导向型模式

政府导向型指主要通过政府制定相关发展规划，并辅之法规政策支持，加快推进生态城市建设。世界发达国家在生态城市建设中一直非常重视发挥政府的职能作用，通过制定方向明确和目标具体的发展规划，引导生态城市建设全面有序推进。美国伯克利的生态城市计划，克利夫兰和波特兰大都市区生态规划，印度班加罗尔市、巴西库里蒂巴市和桑托斯市、澳大利亚的阿德莱德市的生态城市建设计划，丹麦哥本哈根市的手指形态规划，日本九州市的生态城市建设构想以及新加坡的全岛建设设想规划等都在生态城市建设中发挥了重要的作用，并取得了明显的效果。德国的埃尔兰根市曾因连续 25 年快速发展而带来一系列城市生态问题，该市率先执行《21 世纪议程》的有关决议，进行综合生态规划，采取多种节地、节能、节水措施，修复生态系统，成为德国生态城市的先锋市。我国生态城市建设都是由政府主导并对生态城市建设进行具体的规划的模式。国际上，澳大利亚阿德莱德市和美国加州欧文是政府导向型模式的典范，纽约在近年来的城市规划中，也越来越重视生态城市方面的建设。

（二）社区（组织）驱动型模式

建设生态城市是一种义务也是一种权利，人们有权利参与生态城市的建设。同时不应该剥夺人们用劳动制造替代购买成品的选择权利，以便贫困者、失业者仍可对生态城市建设出一份力，并充分调动居民的积极性与创造性。除了规划师自身的局限性，忽视居民需求所带来的偏见以及居民对此的自觉不自觉的抵触也将严重阻碍生态城市建设。生态城的建设必须要有居民的参与，至少规划师应该知道什么是居民想要的，至少他们将会直接参与城市的生产生活，构成城市的社会网络，并且影响生态城市的结果。无论多么完美的生态城市建设目标，也是必须靠居民实现的。

社区（组织）驱动型模式是指主要通过发挥城市社区组织的作用，引导和组织社区群众广泛参与生态城市建设。它是一种社区自助式开发方式，包括社区控制、社区规划、社区设计、社区建设、社区管理和维护的全过程都由社区居民参与。在可能的情况下，社区居民可以通过各种方式参与生态城市建设，如对生态城市的项目建设决策以及投资资源等交由社区社团来进行投票和管理。社区还设有城市生态中心作为公共教育场所，公众在这里通过图书馆、展览、咨询、报告可方便地知晓城市生态的有关知识，了解生态城市规划、设计和建设进展。例如，新西兰的韦塔科生态城市蓝图中阐明了市议会和地区社区为实现这一前景而采取的具体行动，明确了市议会对生态城市建设的责任和措施，生态城市的成功最终要依靠社区居民来实现。

社区组织驱动型由加拿大的哈里法克斯市首先提出后得到世界许多城市的效仿，并取得了良好的效果。采取这一模式的关键是建立管理机构——管理组。管理组负责组建土地信托公司、生态开发公司和社区委员会三个组织。土地信托公司负责购买土地、控制财政、对区内生态开发的不当行为提出警告；生态开发公司的建立将取代传统的开发商，是社区的基本开发实体；社区委员会代表社区居民处理社区冲突和需求，并对居民进行生态城市教育。社区设有"城市生态中心"，居民可以通过图书馆、展馆、咨询报告等方便地了解生态城市建设规划、设计和建设进展等，以便同心协力实现生态城市建设目标。

三 按重建与改造模式划分

生态城市尚未形成明确的概念界定，模式分类也比较模糊。纵观各国以生态为理念的城市建设，根据建设目标的系统性、建设路径的差异、建设条件的约束等方面的差异，生态城市大体可以分为重建型和改造型两种。

重建型生态城市的研究主要致力于从系统整体上研究现存的城市问题，认为诸多城市发展难题是由整个系统的结构造成。因此局部突破事倍功半，需要通过重建新城彻底消除现代工业城市结构与机理的痼疾。20世纪中叶，索拉尼（P. Soleri）在美国亚利桑那州的一个沙漠地区，按照建筑生态学的要求建起小居民区阿科桑蒂（Arcosanti），并设计了大量类似的城市和社区。这一开创性的项目几乎没有得到任何资助或合约上的支持。近年来，生态新城项目逐渐受到政府和投资商的青睐。这些新城试图避开消极被动的末端治理，从根本的结构按照生态学的原理进行重新组织和设计。目前还没有真正意义上的生态城市，但一些比较成功的案例从各个方面探索了重建生态新城的标准与途径。各个案例的建设重点不同，对碳排放、环境质量等指标的要求也不一致。典型重建型生态城市有美国阿科桑蒂城、阿联酋马斯达尔（Masdar）生态城、英国贝丁顿零能源发展社区、天津中新生态城等。在建中的阿联酋马斯达尔生态城将成为首座完全由可再生能源供电的碳中和、零废弃物城市，具有城市战略发展转型的重大意义。它坐落在阿布扎比城（Abu Dhabi）附近的沙漠里，方圆5.2平方公里，设计可容纳4.7万人口和1500家企业，总造价预计为220亿美元。

改造型生态城市的实践者对于复杂的生态城市问题并没有想同时改变一切，而是倾向于制定明确、具体的目标，直接运用于指导实践活动，抓住重点，逐步推进，把现有的城市优化改造成可持续发展的生态城市。改造型生态城市的策略多来源于经典理论，是多种的关键措施集合。各地有针对性地选择最优模式，将实现生态创新、保留本地传统特色、城市空间形态和活力等与适度开发结合起来。改造型生态城市一般采用多重目标法，各地根据自己的建设目标与建设条件，选择某几项建设思路的结合。例如德国弗莱堡市（Freiburgim Breisgau）改造初期的重点放在硬化土地改良、水系自然景观恢复和屋顶绿化上；法国巴黎市（Paris）重点建设自行车道路网和城市空间形态优化；巴西库里蒂巴市（Curitiba）强调城市交通公交系统和垃圾循环利用；日本北九州市生态园试图依靠突出的循环产业链以实现零排放的理念。

四　按城市特点划分

国际生态城市在建设过程中，根据城市自身的生态环境特点以及经济社会基础提出了不同的生态城市建设模式，因此按照生态城市的主要建设内容、侧重点和各个生态城市的特点，国际生态城市建设模式主要有以下几种：公交引导型模式、循环型模式、花园城市模式、低碳生态城市模式、紧凑型城市模式和城乡结合型模式。

（一）公交引导型模式

公交引导型城市发展模式指将改善城市交通运输结构和土地综合开发利用相结合，实现节约资源、减少污染、保护环境的生态城市建设目标。这种模式主要为了解决城市中人们过度依赖机动车所带来的局限及环境问题。许多学者认为，建设生态城市应该把改善交通运输结构和土地综合开发利用有机结合，在优先发展城市公共交通的同时，对城市土地利用进行合理规划，提高土地的综合利用率，从而减少私家车使用给资源环境造成的浪费污染、土地占用以及城市蔓延等问题。巴西的库里蒂巴、丹麦的哥本哈根和韩国的首尔等城市主要采取了这一模式。

库里蒂巴市将整合公共交通系统与土地综合开发利用相结合，对其进行一体化规划。该市以城市公交线路所在的道路为中心，对所有的土地利用和开发密度进行分区，政府仅仅鼓励对公交线路附近两个街区的交通走廊的集中高密度开发，并严格限制两个街区以外的土地开发，不仅保证了城市2/3的市民每天使用公共汽车，每年减少私家车出行达2700万次，节约燃油700万加仑，而且提高了土地综合利用率，有效实现了生态城市的建设目标。

哥本哈根市（Copenhagen）把公交系统的建设和土地综合开发结合起来，通过构建可持续的城市交通体系，引导城市土地有效利用和有序扩张。哥本哈根市拥有300多公里长、与机动车道一样宽的自行车专用道，市内还分布着许多"车园"，每个"车园"里放置2000多辆自行车向行人免费提供。市民只要交纳约3美元的押金就可以在任一车园将车子骑走，然后可以把车子归还到任一车园，并可以领回自己的3美元。该市1/3的市民选择骑自行车上班，因为这样既方便又无废气污染还能锻炼身体。"绿色交通"使得库里蒂巴市和哥本哈根市走上了低成本的交通方式和人与自然尽可能和谐的生态城市发展道路。如今，哥本哈根市作为欧洲人均收入最高的城市之一，其人均汽车占有率却很低，城市交通结构的调整改善，对生态城市建设起到重要的推动作用。

（二）循环型模式

循环型生态城市是以循环经济为支撑的生态城市。循环型城市的建设将循环经济模式贯穿和渗透在城市发展的产业结构、生产过程、基础设施、居民生活以及生态保护各个方面，是建立在城市功能的合理定位、充分有效利用现有资源和高科技基础之上进行生产消费活动的城市，是新形势下实现城市新发展思路的重要探索。资源循环型生态城市的建设是天津、南京和贵阳等城市的主要目标。日本北九州市（Kitakyushu）是该类生态城市建设的典范。

从20世纪90年代，在对城市污染进行强化治理的基础上，日本北九州市开始以减少垃圾、实现循环型社会为主要内容的生态城市建设，提出了"从某种产业产生的废弃物为别的产业所利用，地区整体的废弃物排放为零"的生态城市建设构想。具体规划包括：环境产业的建设（建设包括家电、废玻璃、废塑料等回收再利用的综合环境产业区）、环境新技术的开发（建设以开发环境新技术，并对所开发的技术进行实践研究为主的研究中心）、社会综合开发（建设以培养环境政策、环境技术方面的人才为中心的基础研究及教育基地），取得了良好的效果。此外，日本川崎市（Kawasaki）大力发展环保产业，推进循环经济，环境大为改善，成为以高科技和先进环保技术著称的清洁城市，在日本乃至世界上都产生了一定影响；澳大利亚怀阿拉市（Whyalla）则充分融合了可持续发展的各种技术，包括城市设计原则、建筑技术、设计要素与材料、传统的能源保证与能源替代、可持续的水资源使用和污水的再使用等，解决了该市的能源与资源问题。

（三）花园城市模式

一提到"花园城市"，人们最先反映在脑海中的就是新加坡。新加坡位于马六甲海峡东口，国土面积为716.1平方公里，总人口539.9万，人口密度7540人/平方公里。绿化面积达到10325公顷，绿地率为50%、绿化覆盖率为70%、森林覆盖率为30%、人均公共绿地面积约25平方米。新加坡环境质量连续多年在亚洲高居榜首，多次获选为亚洲国家和地区环境最翠绿、空气和饮用水最干净的国家，连续多年被评为全球宜居城市，是国际公认的花园城市。目前，我国的杭州、大连等城市也正致力于建设花园生态城市。

而早在1869年，芝加哥市（Chicago）就开始花园城市建设的实践，通过实施一个庞大的城市公园体系项目，使其成为美国中部最美的一座工业城市；此外，堪培拉市（Canberra）是最早闻名于世的花园城市，华盛顿市（Washinton）是高楼大厦林立的花园城市，莫斯科市（Moscow）是空气最好的花园城市。克利夫兰市（Cleveland）内绿地众多，公园面积约7500公顷，占市区面积1/3以上，有"森林城市"之称。这些花园城市的建设对于改善城市生态环境、提升人文环境品位、增添城市生活情调、美化城市形象和增加城市旅游收入等具有十分积极的意义。

（四）低碳生态城市模式

低碳生态城市指以低碳经济为发展模式及方向，市民以低碳生活为理念和行为特征，城市管理以低碳社会为建设标本和蓝图的城市。通过采取各种环保措施抵消城市人类活动中排放的二氧化碳等温室气体，实现碳排放与碳处理动态平衡的发展模式。如建立循环经济来提高资源的利用率，开发利用风能、太阳能、地热能等来消减电能的使用，完全禁止小汽车在城区内行驶来降低与烟雾有关的健康成本，建立使用太阳能动力的公交系统，建设更多的方便的林荫道来鼓励步行，积极植树种草增加绿地覆盖率。总之，通过各种环保措施减少温室气体排放，以缓解全球气候变暖的现状。世界上一些城市已经明确提出要建设低碳生态城市，并已经制定出具体的建设日程，例如，2010 年我国住房和城乡建设部与深圳市人民政府共建国家低碳生态示范市工作方案，正努力将深圳建设成为低碳生态城市。目前，在低碳生态城市建设较为突出的城市主要有英国的伦敦、日本的东京、美国的西雅图和丹麦的森纳堡等城市。

（五）紧凑型城市模式

紧凑型城市主要是指土地利用集约化，在减少资源的占用与浪费的同时提高土地功能的混合使用率，城市活力的恢复以及公共交通政策的推行与社区中一些生态化措施的尝试得以实现。紧缩城市开发模式强调混合使用和密集开发的策略，使人们居住在更靠近工作地点和日常生活所必需的服务设施，不仅包含着地理概念，更重要的是强调城市内在的紧密关系以及时间、空间概念，概括而言，紧缩城市思想包括八大方面：高密度居住、对汽车的低依赖、城乡边界和景观明显、混合土地利用、生活多样化、身份明晰、社会公正、日常生活的自我丰富。紧缩城市离不开紧缩的城市发展形态，紧缩的城市形态在欧洲绿色城市主义倡导者蒂姆西·比特利看来无疑是生态城市得以实现的良好基础。

如美国的克利夫兰市，为了将其建设成大湖沿岸的紧凑型生态城市，市政府制定了 12 项明确的生态城市议题，其中"精明增长"是这些议题中重要的一项，其核心内容是：用足城市存量空间，减少盲目扩张；加强对现有社区的重建，保护空地以及土地混合使用；城市建设相对集中，密集组团，生活和就业单元尽量混合，拉近距离，少用汽车，步行上班、上学等。另外，欧洲的许多城市都是以这种开发方式向生态城市的目标迈进，如丹麦的哥本哈根市、瑞典的斯德哥尔摩市、德国的埃尔兰根市（Erlangen）和弗莱堡市、西班牙的马德里市（Madrid）、英国伦敦市（London）、法国巴黎市等。

（六）城乡结合型模式

城乡结合型模式是指城市规划和发展打破城乡之间的界限，制定城乡一体化的社会、经济、生态规划，以便疏通物流渠道，实现城乡生态环境的良性循环，这对于城市经济的发展、城市形态的发展和生态环境质量的提高有着重要的影响。国外许多城市在生态城市建设中已经打破行政区界限，将城市和周边乡村建设作为一个整体，进行统筹规划，并通过加快城乡之间能量、信息、资源的转换与合理配置，促进生态城市的发展建设。新加坡的生态城市建设主要采取这一模式。该市坚持城乡结合的思想，在生态城市建设规划中，在城郊建设"原始公园"，并将农田和森林以及其他景观融合在"花园城市"建设中，从而实现人工景观与自然环境的和谐统一。美国海滨城市伯克利市（Berkeley），是全球生态城市建设的典范，在城市建设设计中采取了典型的城乡结合空间结构，即在住宅区内，每一栋独立的别墅都带有一块面积很大的农田，并在农田种植绿色食品，深受广大居住者喜爱，充分体现了城乡协调发展和"以人为本"建设生态城市的思想理念。阿根廷罗萨里奥市（Rosario）的都市有机农场建设模式很好地体现了城乡结合型模式。

综观国外成功的生态城市建设案例，可以给我们以下启示：作为一种全新的发展模式，生态城市不仅是一个改良城市的过程，更是一场城市发展进程中的革命；不仅需要通过发展生态城市治愈目前城市发展过程中产生的种种疾病，还需要在生态城市建设过程中兼顾区域空间以及代际的平衡以期实现可持续发展。因此，生态城市的建设是一个长期过程，有前瞻性和明确的目标，具有较为重要的引导作用。在具体实现途径上，强调能源的使用效率和资源的综合利用、再利用，根据自身特点在资源利用、生态建设方面扬长为主、特色鲜明。支撑体系共性特点有：完善的法律法规、市场化的管理体制、强大的科技后盾、充足的资金等作为支撑条件。此外，国外成功的生态城镇建设都刻意地鼓励尽可能广泛的公众参与，无论从规划方案的制定、实际的建设推进过程，还是后续的监督监控，都有具体的措施保证群众的广泛参与。

第三节　深圳生态文明改革进程回顾

回顾历届市委市政府深入贯彻落实科学发展观，以"生态立市"为指引，积极探索生态文明建设的深圳模式。

一　开荒奠基和局部起步阶段（1978—1987 年）

建市之初，利用深圳毗邻香港，交通方便，土地充足，劳动力来源充裕等有利条件，确立"以工业为主，工贸并举的综合性经济特区"的发展定位，按现代化的要求，大力发展工业，带动经济工作的全面高涨，形成较强的社会生产力。同时，为发展对外经济合作和技术交流，加强经济等体制改革步伐，在社会主义经济领导下，允许国营企业、集体企业、中外合资、独资企业等多种经济成分和多种经营方式并存。借助体制改革的东风，1979 年 3 月，深圳市革命委员会环境保护办公室成立，负责全市工业"三废"污染的防治工作，全办人员编制 5 名。1982 年 1 月，深圳市革命委员会环境保护办公室更名为深圳市人民政府环境保护办公室。从 1984 年起，全市各区（县）相继设立环保机构。

建市初，深圳市工业废水排放企业主要分布在印染、皮革加工、造纸、食品等行业。20 世纪 80 年代初，特区外宝安县坪地、龙华、横岗等村镇陆续引进一些牛皮加工厂，由于没有任何污染防治设施，成为全市突出的污染源。80 年代中期开始，随着一批电力、建材等项目的建成投产，全市工业废气排放企业随之增加，一些规模较大的电力、建材等工业项目所排放的粉煤灰、煤矸石、炉渣等废弃物也逐渐增多。直至 1986 年底，各牛皮厂生产废水基本实现达标排放。由于牛皮加工行业污染大，深圳市随后制定了限制发展以及采取关、停、并、转的措施。同时期，深圳市电子工业迅速崛起，电子印刷线路板行业生产过程中产生大量含重金属的蚀刻废液。这些生产厂家大多数规模小、分布散，缺乏治理该类废液所需的技术、资金和场地等条件，难以进行无害化处理。随着经济的快速发展，全市生活垃圾和生活污水日产生量每年以 10%—15% 的速度增加，生活污水和工业污水污染、生活垃圾急剧增加、水土流失严重、噪声污染等环境问题相继出现。

为了解决经济发展带来的环境问题，深圳市加强了环保机构的建设和环境管理力度，全市各区环保机构逐步健全，人员不断充实。1986 年，深圳市环境保护委员会成立，成为全市环保工作的综合、协调与决策机构。

由于经济特区的建立，全市经济发展速度比预料快，大部分企业以"三来一补"形式建立，当时人们的环境意识普遍不高，环境管理与审批制度还不完善，有些建设项目未办理环境影响审批手续就动工兴建。1979—1982 年，全市领取工商登记的 113 家"三资"企业中，办理环境影响审批登记的仅有 24 家，建设项目环境影响审批率仅为 21%。加上当时环境问题短时间大量涌现，给当时的环保部门带来了巨大压力和挑战。

该阶段尽管经济高速增长，但总体规模较小，环境资源相对比较丰富，为经济发展提供了良好的环境条件和物质基础。在全新的城市发展和建设中，深圳市注重科学规划，合理确定产业结构和能源结构，致力于发展经济效益高、环境污染小的高新技术产业，以电力、轻油和液化石油气等为主要能源，促进了经济与环境健康协调发展。全市总体环境质量处于优良状态，大气环境质量优于国家二级标准，饮用水源达标率可达到 100%，环境质量在全国大中城市名列前茅。

二　外向转型和全面推进阶段（1988—1997 年）

这一时期的城市发展定位为"以高新技术为先导，先进工业为基础，第三产业金融、贸易、信息、运输、运输、旅游高度发展，文化高度繁荣，经济效益和生活质量较高的外向型多功能的国际性大城市"。实行的经济发展战略有：1990 年，深圳首次提出要大力发展高新技术产业和第三产业；1993 年，深圳提出发展第三产业要以金融、证券信息为龙头，商业贸易、交通运输、通讯为骨干，相应发展房地产业和旅游业，使之真正成为国民经济支柱产业的发展思路；1995 年，深圳又提出建设"一个基地、四个中心、一个胜地"的发展战略，即努力把深圳建设成为高新技术产业基地和区域性的金融中心、信息中心、商贸中心、交通运输中心及旅游胜地。城市发展对环境保护的要求明确体现出来。

1988 年 10 月，深圳市环境保护局成立。1990 年 9 月，深圳市委市政府决定将福田区、罗湖区、南山区的环保办调整为区环保局，列入区政府序列，实行双重领导体系。深圳南油集团公司、华侨城集团公司等大型企业也相继设立环保机构。20 世纪 80 年代中期起，深圳市环境科学学会、深圳市环境保护产业协会、深圳市环境保护咨询委员会等社会性的环保组织相继成立。各环保机构在经济发展和机构改革调整中不断加强，逐渐形成市、区、镇（街道办事处）、企业多层次的环境管理网络。

进入 20 世纪 90 年代，深圳市环境保护局进入市政府职能序列，各区环保机构也相继成为区政府职能部门，全市环境管理体制和运行机制得到了加强和完善。1992 年 2 月，市环保局被确定为市政府 32 个职能部门之一。1993 年，宝安县撤县设区，宝安区、龙岗区环保局成立，随后两区 20 个镇（街道办事处）均设立环保所。全市主要工业区、企业集团也设有环保机构，环保机构在经济发展和机构改革调整中不断加强，形成市、区、镇（街道办事处）、企业多层次的环境管理网络。

随着深圳市环境保护局成立，全市环保工作进入了全面管理阶段。严格执行国家颁布的环保法律法规，实施建设项目"三同时"、污染源限期治理、排污收费等国家环境管理"八项制度"，环境管理工作逐步走上了规范化、制度化的轨道。此时，深圳市工业废水污染行业主要是印染、电子、金属制品、食品饮料制造加工等 5 个行业。

在深圳社会经济外向型快速发展同时，市政府不断加大环保基础设施建设的投入，1983—1991 年，投资逾 200 亿元，先后建成蛇口污水处理厂、滨河水质净化厂、深圳市污水排海工程和全国首个垃圾焚烧厂等环保基础设施。至 1991 年，深圳市城市污水处理能力达到 12 万吨/日，垃圾处理能力 1500 吨/日，但是，环保基础设施的建设速度远远不能解决经济快速发展带来的环境问题，人口急剧增长，工业企业排污量加大，排入环境的各类污染物总量也逐年增加，建成区区域环境噪声平均值上升，全市环境质量一度呈下降趋势。20 世纪 90 年代中期，深圳市加大环境管理力度，限制和逐步淘汰重污染企业，产业结构逐渐开始转型。工业废水主要排放行业为电子、纺织、金属制造以及食品饮料业，工业废气主要排放行业以电力为主。1992年，深圳经济特区获得立法权，在坚持国家环保法规的精神和原则下，充分考虑深圳的特点与实际，借鉴国内外环境法制建设经验，在环境立法与执法中大胆尝试。

这一阶段为深圳环保事业的全面发展阶段。随着经济快速发展并达到相当的规模，环境污染开始出现并影响逐渐加大。同时，环境保护随着经济发展也不断得到加强。通过有效的环境监督管理和大力开展综合整治，资源环境基本能够承载经济发展，但承受的压力明显加大。在此阶段市委市政府高度重视环保工作，环保机构建设、环境规划立法、环境监测①监管以及工业污染防治、城市环境基础设施建设均取得明显的进展，深圳环保工作在很多方面走在全国的前列，并于1997年荣获首批"国家环保模范城市"这一代表我国城市环保的最高荣誉。

三　自主创新与跨越发展阶段（1998—2007年）

这一阶段深圳经济政策的重点主要放在推进高新技术产业发展和扩大出口贸易方面，先后出台了一系列优惠政策，第三产业作为整体仍然受到重视；21世纪初，深圳面对新的形势和机遇，结合率先实现社会主义现代化的奋斗目标，总结各产业的发展经验和规律，深圳明确了高新技术产业、现代金融业和现代物流业作为三大战略性支柱产业的地位，并将其写入国民经济和社会发展第十个五年计划。

工业废水重污染行业基本已全部关停或外迁，废水排放90%来源于生活源，工业污染主要来源于支撑高科技发展的电镀线路板行业及金属制造以及食品饮料业。工业废气重点污染源主要集中在电力生产业，该行业废气排放等超标污染负荷占全市统计的60%以上。截至2007年，全市工业企业废气的二氧化硫、氮氧化物、烟尘、粉尘排放达标率均在98%以上。工业企业固体废物主要排放行业是电子、通信设备制造、电力生产、医药等轻工行业，生产过程中排放的废弃物较少。

这一时期环保工作的自主创新得以充分发挥，充分利用特区立法权，在坚持国家环保法规的精神和原则下，考虑深圳的特点与实际，借鉴国内

---

① 本书中"环境监测"与"环境检测"通用。

外环境法制建设经验，在环境立法与执法中大胆尝试。至 2000 年，深圳先后制定颁布地方性环保法规 6 部、政府规章 6 项、规范性文件 61 件，基本涵盖环保工作的各个方面，初步形成了适应社会主义市场经济发展和有自身特色的地方环保法规体系，深圳的环境管理工作走上有法可依、有法必依、违法必究的轨道。主要的城市基础设施也建成于这一时期，至 2000 年，全市建成 6 座城市污水处理厂，3 个垃圾填埋场和 2 座垃圾焚烧厂等主要城市环境基础设施，2000 年以后城市环境基础设施逐步完善。

2004 年，深圳市治污保洁办公室成立，以实施治污保洁工程为载体，制定考核制度，对 6 个区政府、市政府 23 个职能部门以及大型国有企业治污工程进行考核，治污保洁考核已广泛为政府各部门、重点国有企业等被考核对象所接受，并已成为推动环保工程项目建设的有力手段。2007 年，深圳市政府实施了《深圳市"十一五"期间主要污染物排放总量控制计划》，将污染减排指标按年度分解落实到各区政府和重点排污单位，提出了每年必须完成的削减工程和减排目标，市长与 12 个重点责任单位签订了污染物排放总量控制目标责任书，明确规定了各责任单位每年应完成的重点减排工程任务和减排措施。同年，创造性地开展了深圳市党政领导干部环保实绩考核工作，考核内容涵盖环境质量、环保任务、环保投入、环保表现、环保民意，30 个单位领导向社会各界代表做了环保表现陈述，引起社会强烈反响。同时，围绕市民关注的突出环境问题，强势推进"蓝天行动""水源行动"和"整治非法排污保障市民健康"专项行动，大力查处环保信访案件，环境质量得到改善。随着环境综合整治力度加大，城市基础设施投入的增加，深圳市先后获得了"全球 500 佳"、国际"花园城市"等称号。

这一阶段为深圳环保工作的跨越发展阶段。经过 20 多年高速发展，深圳的经济总量、人口数量和建成区面积均达特大城市规模，因自然资源的快速消耗和环境容量的过度利用，生态环境质量有所下降，逐渐构成对经济发展的制约因素，被称为"四个难以为继"。在此阶段，市委市政府将环保工作提升到前所未有的高度，发布 2007 年一号文，做出建设生态市的战略部署，逐步将环境保护纳入经济社会发展的主战场，积极打造强势环保，建设绿色政府，弘扬生态文明，环保事业迈进了跨越式发展的新进程。

四 优化发展与生态文明阶段（2008 年至今）

城市发展定位为"建设可持续发展的全球先锋城市"，强化全国经济中心城市和国家创新型城市地位，加快建设国际化城市和中国特色社会主义示范市。2007 年修编后的城市总体规划对深圳的性质定位为：创新型综合经济特区，华南地区重要的中心城市，与香港共同发展的国际性城市。城市发展的总目标是：充分发挥改革开放与自主创新的优势，担当我国落实科学发展观、构建和谐社会的先锋城市；实现经济、社会和环境的协调发展，建设经济发达、社会和谐、资源节约、环境友好、文化繁荣、生态宜居、具有中国特色的国际性城市和社会主义示范市；依托华南，立足珠江三角洲，加强深港合作，共同构建世界级都市区。

随着科学发展观在全国全面落实和生态文明的提出，深圳市也开始了绿色发展的进程。2010 年 5 月深圳市第五次党代会对于未来 5 年工作做了总体部署，提出了"一个目标""一条主线""四个导向""六个协调""五大原则""八大举措"。其中，"一个目标"，就是努力当好科学发展排头兵、加快建设现代化国际化先进城市；"一条主线"，就是以加快转变经济发展方式为主线；"四个导向"，就是以创新发展、转型发展、低碳发展、和谐发展为导向；"六个协调"，就是推动经济、政治、文化、社会、生态文明建设和党的建设全面协调发展；"五大原则"，就是要坚持追求"好"、力争"快"、坚持"特"、突出"新"和立足"干"。2011 年初，深圳市市长许勤在其所做的政府工作报告中，以大篇幅论述"十二五"期间深圳由"深圳速度"向"深圳质量"跨越的基本思路，并提出以"深圳质量"新理念引领发展，以新标杆指引方向。这一时期，深圳为建设生态文明和美丽深圳，围绕创造"深圳质量"，努力做到"六个着力"：以加快转变经济发展方式为主线，着力提升经济发展质量；以改善公共服务为重点，着力提升社会发展质量；以绿色低碳为导向，着力提升生态发展质量；以推进特区一体化为突破口，着力提升城市发展质量；着力深化改革创新，为创造"深圳质量"提供制度保障；着力扩大区域合作，为创造"深圳质量"拓展空间。

2008 年，由于在生态城市建设方面取得的卓越成效，深圳市被环保部选定为首批生态文明试点地区，全市印发生态文明"1980"文件，生态文明建设如火如荼。2009年，深圳市委市政府突破传统框架，将环境保护与经济发展、社会管理、公共服务相融合，组建了具有"大部制""大环境""大服务"鲜明特色的人居环境委员会（简称"人居委"），启动了人居环境工作。人居环境委的职责包括：综合运用环保、水务、建设、住宅、气象管理等手段，发挥整体优势，全面提升人居环境质量与水平，促进人与自然和谐，建设生态文明；加强与国土资源、农业、林业、海洋等部门的协调配合，促进经济社会、城市建设与人口、资源和环境协调发展；充分发挥人居环境规划、政策、标准的导向作用，形成对经济社会发展、城市规划建设的有效约束。机构改革要求充分发挥人居环境委"大部门"的作用，建立各有关部门各负其责、齐抓共管的"大环保"格局，促进人居环境提升和生态文明建设。为了厘清人居环境的内涵、外延和工作边界，为统筹指导全市人居环境工作提供纲领性文件，市政府印发实施《深圳市人居环境工作纲要》，明确了人居环境工作的目标、任务和措施。

环境保护工作从此全面上升到人居环境建设与保护的新阶段，这为人居环境工作的发展跨越解除了体制束缚，释放出强大推动力，也为我们的工作提供了新支点和新方向，环境保护工作从此全面上升到人居环境建设与保护的新阶段。深圳环保机构从1979年成立的仅有5人的市革委会环保办开始，实现了"办—局—委"三大跨越，管理网络覆盖到全市各街道，队伍壮大近千人。全市大环保的工作格局基本形成，多部门统筹推进环境保护工作，环保工作全面进入生态文明建设的新阶段。

这一时期，深圳市面临着重大机遇和挑战，珠三角区域一体化和深圳经济特区一体化的推进，深圳转型发展、创新发展、和谐发展、低碳发展以及创造"深圳质量"等的战略转型，以及"大部制""大环保"格局的构建等。面临的主要挑战表现在四个"加大"：经济发展与环境容量的矛盾加大、城市建设与生态保护的冲突加大、"不欠新账"与"多还旧账"的压力加大、污染减排与环境改善的难度加大。省政府提出建设宜居城市，促进民生幸福，深圳市开展了宜居城市建设、绿道网建设，以及住宅产业化，促进"四节一环保"等方面的举措。并实施人居环境宣传教育、生态文明意识培养、生态示范创建、公众参与互动等提升生态文明水平等措施，旨在促进生态文明建设。环境质量改善方面，更加侧重民生环保理念，一系列饮用水源、河流、近岸海域污染防治以及基本手段——污水收集处理设施和湿地生态系统完成建设，工业点源、机动车线源、VOC 面源的污染控制途径以及保障手段——能源结构优化、区域协同控制，危险废物、生活垃圾、建筑废弃物得到一定程度控制，噪声污染、土壤污染、重金属、核与辐射四类其他污染控制和风险实现防范，生态安全体系、自然保护区、生物多种性、公园绿地系统、生态恢复重建有序开展。

环境保护优化经济发展作用愈加显著。开展环境质量形势分析会，提出以环境倒逼发展的思路，提出并实施低碳发展、循环经济、环保产业等绿色产业方面，节水与再生水利用、建筑节能与可再生能源建筑应用、建筑废弃物利用等资源能源方面，以及环保准入、污染减排、环境经济政策等环境导向约束方面的措施。2012 年共受理环境影响审批项目 27857 个，否定其中不符合环保要求的项目 1611 个；大力推动重污染企业优化升级，动用 2789 万元资助 17 家优化升级先进企业，带动 146 家企业投入 3 亿元实施升级，组织 1000 家企业开展"鹏城减废"及清洁生产行动。环境基础建设更加显著，2012 年全市在建污水处理厂达 18 座，污水管网工程 18 项，总投资超过 70 亿元，创造了水污染治理投入之最、项目之最，不仅推进了环境质量改善，还有效拉动了固定资产投资增长。

这一阶段深圳作为首批生态文明试点城市，把十八大精神落到实处，深圳结合产业发展和生态环境特征，探索将生态文明建设融入经济建设、政治建设、文化建设和社会建设；这一时期，生态文明体制改革逐步进入深水区，各项生态文明改革有不同程度进展，城市环境综合整治力度不断加大，水污染严重趋势得到控制，大气主要污染物浓度下降，实现了享誉内外的"深圳蓝"。

第四节　深圳可持续发展与生态文明战略的树立

经过 30 多年的快速发展，深圳经济实力大幅提升，但产业结构的调整优化任务仍很艰巨，现代产业体系还不完善，经济发展方式还未得到根本转变；城市规划、建设、管理取得显著进步，现代化、国际化城市形象初步确立，但城市发展人口、土地、资源、环境的矛盾日益突出，生态环境保护压力加大，特区内外发展差距明显；社会建设全面加强，人民生活水平显著提高，民生需求迈向更高层次，但市民综合文明素质有待提高，基层基础工作仍较薄弱，综合执法体系还不够完善。

为了破解城市建设管理和发展中遇到的系列难题，适应生态文明的建设要求，深圳各届市委市政府领导清醒地认识到，与国内外先进城市相比，深圳的差距还很大，这些差距，体现在发展理念上、规划思路上、管理体制上、文化品位上和城市内涵上。这些差距，归根结底就是生态文明建设上的差距。站在历史的高度、全局的高度和事关深圳长远发展的战略高度，在深刻把握生态文明对城市建设管理和发展的重大意义的基础上，以生态文明理念推动城市建设管理和发展的思想大解放，才是当前破除一切阻碍城市持续健康发展的观念、体制和机制，牢固树立绿色价值观、生态政绩观，培育和发展生态经济、生态文化和生态环境，满足人们不断增长的生态需求和生态权利，实现人与城市、自然的和谐统一和永续发展的发展战略。具体从以下三个方面阐述绿色发展与生态文明战略对于当前深圳的战略意义。

其一，建设生态文明是改革开放和落实科学发展观的必然要求。

党的十八大提出了"大力推进生态文明建设"的要求，对城市的建设管理和发展也提出了新任务、新要求。当前，深圳的社会发展正在从传统社会向公民社会转型，产业发展从工业化向后工业化转型，城市发展从二元化向特区内外一体化转型，城市管理从粗放式向科学严格精细长效管理转型。我们应当清醒地认识到虽然经过30多年的快速发展，深圳经济社会事业取得了巨大成就，在创造世界工业化、城市化和现代化发展史上的奇迹与辉煌的同时，也因"速度深圳"遭遇了城市发展中环境资源的瓶颈。

中央要求我们在改革开放和自主创新中更好地发挥重要作用。省委也要求深圳解放思想，树立世界眼光，努力建设成为能够体现中国形象，有竞争力，能与世界先进城市"叫板"的城市。我们必须瞄准国际一流水平，以全球视野思考和谋划城市发展，以改革开放和自主创新为动力，以生态文明建设为重要突破口，坚持生产发展、生活富裕、生态良好的文明发展道路，加快建设资源节约型、环境友好型的可持续发展的全球先锋城市。这是深圳争当落实科学发展观排头兵的必然要求，是建设和谐深圳、效益深圳和现代化国际化城市的核心内涵，是创建生态城市的理念升华。深圳市各级政府必须站在历史的高度、全局的高度和事关深圳长远发展的战略高度，深刻把握生态文明对城市建设管理和发展的重大意义，以生态文明建设推动深圳城市的新发展。

其二，建设生态文明是提高深圳市综合竞争力，建设现代化国际化城市实现新跨越的必由之路。

城市之间的竞争不再只是经济实力的竞争，也不再只是发展速度的竞争，它涉及社会生活、资源开发利用、生态环境等很多方面。只有不断增强城市自身在社会、经济、资源和环境等方面的竞争力，才能在竞争中占有优势，从而获得资金、技术和智力支持，从而得到全面健康发展。从目前发展情况来看，诸多因素中，以资源和环境因素对城市的影响为大，因为资源和环境往往是城市发展的主要限制因素，只有解决城市发展中的主要限制因素，才能提高城市的综合竞争力，推动城市的持续健康发展。深圳经历了极为快速的城市化过程，因而其资源和环境问题较其他城市而言就更加严重。较高的经济水平使人们对资源的需求和对环境的要求更高，而较高的经济水平背后是巨大的环境负债。从深圳的城市特点出发，解决好深圳自身的问题，才能在世界城市的竞争中立于不败之地，引领珠江三角洲走向世界。随着以上海为龙头的长江三角洲经济圈的形成和竞争力不断增强，深圳在失去特区大部分优惠政策情况下，面对日益增加的竞争压力，建设生态文明城市，从而提高城市综合竞争力，无疑是深圳最为正确的选择。

面向世界加快推进国际化、加快建设全球先锋城市实现新跨越，内涵极其丰富，要实现这一战略目标，就必须以生态文明建设为重要突破口，把生态文明建设作为全面建设小康社会和现代化建设奋斗目标体系的组成部分，是建设中国特色社会主义示范市总体目标的新要求和新提升，从指导思想上确定生态文明的理念，从体制上建立节约资源、保护环境、维护生态良性循环的保障机制，从投入上确保生态文明建设目标任务和各项工作的落实到位，从评价考核指标上强化生态文明建设的重要地位，促进生态文明建设与经济、政治、文化、社会建设协调发展。

其三，建设生态文明是实现深圳质量的重要举措。

深圳经济特区成立 30 多年，创造了举世闻名的"深圳速度"，打造了全国领先的"效益深圳"，为迈向更高层次的发展奠定了坚实基础。站在全新的历史起点，深圳唯有追求卓越、以质取胜，方能引领发展开创未来——这正是深圳质量的理念。"深圳质量"的理论来源于科学发展观，具有鲜明的科学发展内涵，体现了全面发展价值追求，包含经济、社会、生态、城市和文化发展质量。发展质量是综合考虑了经济、社会和环境效益的发展，"深圳质量"就是有质量、可持续的经济增长，更是经济社会的全面协调发展。它涵盖了一座城市的美好愿景和终极目标：经济更有效益、民生更为幸福、文化更具品位、城市更富魅力、生态更加美好。深圳质量是速度、效益和质量的有机结合和更高追求。

要实现可持续发展，需要打造"深圳质量"，深圳的资源（包括能源、水资源、土地资源等）已经接近使用上限值甚至负债，人口也已经快接近饱和，但深圳还要发展，深圳还要再创新的辉煌和奇迹，还要为子孙后代留下发展空间，走可持续发展道路。这就要求深圳以质量为中心，切实转变经济增长模式和城市发展方式，提高资源利用效率和产出效益，降低单位产出的能耗、水耗和土地消耗，减少污染物排放和生产、生活对生态环境的影响。不仅要逐步降低单位产出的能耗、水耗和土地消耗，随着经济的增长，还要逐步做到资源、能源消耗总量和污染物排放总量不增加，甚至有所下降。

在经济发展的同时，人们对于环境的要求正在不断提高。通过生态文明建设，可以全面改善生态环境，提升人民的生活质量，实现人与自然的和谐和经济发展与生态环境保护的协调。通过产业结构调整、城市结构布局、生产过程链接、城市功能完善，实现资源的高效合理利用，减少浪费和污染，实现经济效益、生态效益和社会效益的最大化，强化深圳经济的抗风险能力和持续发展的后劲，开创城市建设和经济发展的新模式，达到"效益深圳"的要求，推动深圳的社会经济持续健康地发展和人民生活质量的全面持续稳定地提高，并最终实现"深圳质量"的品牌。

深圳是我国城市发展的代表，也是我国人口、资源、能源和环境问题的焦点区域。可以预言，目前深圳市发展过程中出现的诸多问题，正是其他城市未来将要面临的主要问题。因此，解决好深圳市当前的问题，将为其他城市提供成功范例。可持续发展是城市发展的必然选择，只有坚定实施生态文明战略，才能应对城市发展过程中可能出现的各种资源和环境问题，提高城市的生存应变能力和综合竞争力，实现城市的健康发展和永续发展。

第二章　融入经济建设改革创新

十八大要求将生态文明建设融入经济、政治、文化、社会建设各方面和全过程。生态文明建设融入经济建设，就是要改变以 GDP 增长率论英雄的发展观，更加注重经济发展的质量和效益，使经济发展建立在资源能支撑、环境能容纳、生态受保护的基础上，与生态文明建设相协调。

第一节　生态文明建设与经济建设的关系

生态文明建设与经济建设的关系是辩证的，二者相互依存、相互促进、相互统一①。

生态文明建设与经济建设之间的冲突主要是自然生态规律与市场经济规律的冲突②。自然生态规律是自然现象固有的、本质的、必然的、稳定的联系，它具有不以人的主观意志为转移的客观性。生态系统内部有其自身的平衡协调机制，任何外力因素的渗入都会破坏其内部现有的和谐与协调。人类遵循自然生态规律就应该尊重自然，顺应自然，人类的经济活动应该努力维持生态系统的平衡与协调；人类的需求应该考虑资源的有限性，环境的承受力；人类应该节制欲望，防止资源环境的过度消耗引发的生态系统失衡。市场经济规律是市场经济活动和经济关系中内在的，市场

---

① 黄承梁：《论生态文明融入经济建设的战略考量与路径选择》，《自然辩证法研究》2017 年第 1 期。

② 孙林、康晓梅：《生态文明建设与经济发展：冲突、协调与融合》，《生态经济》2014 年第 10 期。

经济在价值规律、供需规律、竞争规律的引导下能够极大地优化配置资源，提升生产效率，市场经济规律下的经济活动以实现利润最大化为目标，资本为取得最大化利润总是有向自然界无限索取资源的潜在冲动，在成本最小化的驱使下，尽可能把生产过程产生的副产品——废气、废水、废渣等污染物外部化。

生态文明建设与经济建设又是相互协调的。首先，生态文明建设与经济建设相互依存。生态文明建设源于经济发展，源于经济的片面发展，即如果没有经济增长引发的生态系统危机，就不会有生态文明建设；同时，要实现经济良性的可持续发展也必须依赖于生态文明建设。其次，生态文明建设与经济建设相互促进。生态文明建设为经济的可持续发展提供生态基础和保障。十八大报告指出，"良好的生态环境是人和社会持续发展的根本基础"。经济合乎目的性发展为生态文明建设提供物质基础和保障。经济发展能为解决一切问题提供物质基础，能为生态文明建设提供物质支持。最后，生态文明建设与经济建设相互统一。二者同属于建设中国特色社会主义"五位一体"总布局的重要组成部分。二者关注目标具有内在一致性。生态文明建设和经济建设都关注自然生态环境问题，实现人与人、人与自然、人与社会和谐发展，是二者共同关注目标。满足人民群众对"碧水蓝天"的良好生态环境新期待、追求人与自然和谐共赢和绿色发展、协调"四个全面"实现美丽中国梦，是经济建设与生态文明建设的共同目标和追求。

生态文明建设融入经济建设的本质内涵是把经济发展作为第一要义①，把人民共享生态产品和实现生态福祉作为核心立场，以全面、协调、可持续经济发展为基本要求，遵循生态规律与经济规律相统一的原则和生态效益与经济效益相统一的原则，统筹推进经济建设中的产业结构、空间布局、生产方式、生活方式、消费方式以及协同处理政府、市场与社会等利益关系，在经济建设中正确处理经济效益和生态效益的关系，把经济建设建立在生态环境可承受的基础之上，以提高经济效益、生态效益为宗旨，构建平衡和谐、良性循环的生态经济系统，实现经济

---

① 李桂花、高大勇：《把生态文明建设融入经济建设之两重内涵》，《求实》2014 年第 4 期。

建设和生态文明的协调发展。①

第二节 深圳生态文明建设融入经济建设主要做法

深圳特区成立以来，始终坚持深圳质量和深圳标准，经济发展呈现出速度稳、结构优、动力强、效益好、消耗少的良好态势。近年来一直保持着两位数的高速增长，在绝大多数年份 GDP 增速都高于北京、上海、广州等其他一线城市。2016 年，深圳市生产总值接近 2 万亿元；固定资产投资 4078.2 亿元，增速达 23.6%；社会消费品零售总额 5512.8 亿元，增长8.1%。人均 GDP 达到 16.7 万元，每平方公里产出 GDP、财政收入均居全国大城市首位，万元 GDP 能耗、水耗分别在上年基础上再下降 4.1% 和8.9%，化学需氧量、氨氮、二氧化硫、氮氧化物排放量分别下降 8.6%、5.2%、10.2% 和 3.4%，PM 2.5 平均浓度为 27 微克/立方米，继续处于国内城市领先水平，实现了以更少的资源能源消耗、更低的环境成本支撑了更高质量、更可持续的发展，经济规模和质量效益同步提升。这些成绩的取得与深圳市坚持创新驱动、积极推动生态文明融入经济建设改革密不可分。

一 推进经济结构战略性调整

（一）坚持创新驱动，持续推进传统产业升级

深圳实现有质量增长的重要推动力来自于产业结构优化和转型升级。深圳产业发展经历了三次比较大的转型，每一次转型都推动了深圳经济发展质和量的飞跃。从三次产业结构优化来看，结合胡彩梅和郭万达的研究成果，20 世纪 90 年代以前，深圳三次产业经历了较大的转型，1979—1991 年间年均产业转型系数（基于矢量夹角计算）为 3.26，是深圳历史上产业转型最快的时期；② 20 世纪 90 年代到 2008 年之前，三次产业转型

---

① 李珉婷：《生态文明建设与经济发展的协调问题的思考》，《吉林广播电视大学学报》2016 年第 4 期。

② 胡彩梅、郭万达：《深圳转型升级和创新驱动：分析与借鉴》，《开放导报》2015 年第 5 期。

呈现减缓的趋势，第二和第三产业交替成为主导产业；全球金融危机之后，深圳三次产业再次进入加速转型时期，产业转型系数和年均产业转型系数均呈现大幅增长的趋势，第三产业成为主导产业，与第二产业的差距不断加大。

深圳产业转型升级经历了几次跃迁。

1. 加工贸易为主的 1.0 时代

"三来一补"开创了深圳工业化的格局。最高峰期，深圳曾经有上万家该类企业，成为深圳发展外向型经济的支柱。深圳加工贸易是在丰富廉价的劳动力资源、土地资源和优惠政策的基础上发展起来的。该阶段深圳产品出口主要以服装、制鞋、纺织、电器制造等传统劳动密集型产品为主。

2. 高新技术产业崛起的 2.0 时代

20 世纪 90 年代，随着中国全方位改革开放格局的形成，过去深圳所享有的优惠政策已推广至全国，深圳的改革和发展经验也被内地城市不断模仿和推广，深圳特区制度和政策红利的影响逐渐淡化。以加工贸易为主的劳动密集型产业高能耗、高污染、低附加值的特性，决定了其发展的不可持续性。为应对特区优惠政策逐渐变成普惠制的新形势，重新构建竞争优势，深圳市及时调整方向，将高附加值和低资源消耗的高新技术产业作为工业发展方向。1991 年，深圳市政府提出了"以科技进步为动力，大力发展高技术产业"的战略，陆续推出了一系列政策和措施大力发展大型企业和高科技项目，谋求产业转型。自此，深圳市高技术产业步入快速发展时期。经过 10 多年快速发展，高新技术产业迅速崛起为深圳经济发展第一增长点，并逐渐形成了计算机及外设制造、通信设备制造、平板显示、数字电视、生物制药等具有较强竞争力的产业集群。1991 年深圳高新技术产品产值仅 22.9 亿元，到 2008 年已经达到 8710.95 亿元，年均增长41.83%，占工业总产值的比重从 7.26% 增加到 53.5%。

3. 战略性新兴产业腾飞的 3.0 时代

为了加快产业结构调整和升级，实现由要素驱动向创新驱动的转变，深圳 2009 年在全国率先出台生物、新能源、互联网三大新兴产业的振兴发展规划和政策。2011 年，分别出台了新材料、新一代信息技术产业和文化创意产业发展规划。为加快推进战略性新兴产业发展，2009年至2015年集中180亿元专项发展资金，在人才、用地等各方面都向战略性新兴产业倾斜。短短的几年里，战略性新兴产业迅猛发展，成为经济发展的主引擎。2014年六大战略性新兴产业增加值达5695.24亿元，占GDP的比重高达35.59%。与此同时，深圳还主动承接发达国家和香港高端服务业的产业转移，提出加快高端服务业发展并打造现代产业体系。

4.迈向智能产业和现代服务业为主的4.0时代

当世界经济在动荡中徘徊，新一轮科技革命蓬勃兴起，中国经济进入中高速增长的新常态之际，深圳主动谋划引领新常态的新优势。2013年以来，深圳先后将生命健康、海洋经济、航空航天、军工、智能装备五个产业列为未来重点发展产业，以期建立梯度发展的产业结构和新的竞争优势。2014年初，推出了大力支持未来产业"1+3"文件，规划自2014年起至2020年，将连续7年每年安排10亿元市未来产业发展专项资金，用于支持产业核心技术攻关、创新能力提升、产业链关键环节培育和引进、重点企业发展、产业化项目建设等。同时，继续大力发展以生产性服务业为主的现代服务业，为高端制造业提供有力支撑。

目前，深圳的四大支柱产业金融业、物流业、文化产业和高新技术产业中有三大产业属于现代服务业。2016年现代服务业增加值达到8278.31亿元，占GDP的比重达到42.47%。可见，深圳正迈向以智能产业和现代服务业为主的4.0时代。

梳理深圳市产业转型历程，不难发现其中有三点非常重要。

（1）顶层设计

顶层设计的引领作用功不可没。深圳市政府按照市场规律和产业发展规律积极做好产业发展的顶层设计，2009年深圳市在全国率先出台战略性新兴产业发展规划；2011年出台《深圳市人民政府关于加快产业转型升级的指导意见》《深圳市加快产业转型升级配套政策》《深圳市加快产业转型升级十项重点工作》《深圳高新区转型升级工作方案》《深圳保税区转型升级工作方案》等"1+4"文件，为深圳市传统产业转型升级保驾护航，提出以结构优化推动产业转型升级、以技术创新引领产业转型升级、以产业转移加快产业转型升级、以载体建设支撑产业转型升级、以高端重大项目带动产业转型升级、以区域合作促进产业转型升级等六个重要任务；2013 年开始先后出台《深圳市人民政府关于优化空间资源配置促进产业转型升级的意见》"1 + 6"文件等综合性政策，出台了促进自主创新、战略性新兴产业发展、加工贸易转型升级、总部经济等专项政策和规划，2015 年结合国家宏观政策制订了"互联网 +"行动计划和"中国制造 2025"深圳行动计划，形成了产业转型升级的政策体系。2016 年 3 月，深圳市委市政府出台了关于促进科技创新、支持企业提升竞争力、促进人才优先发展的三大措施，打出政策组合拳，推进供给侧结构性改革，促进产业转型升级。2016 年 7 月，深圳市政府又印发了《深圳市供给侧结构性改革总体方案（2016—2018 年）》及 5 个行动计划"1 + 5"文件，推动深圳供给侧结构性改革，坚持创新驱动打造发展新动能，坚持质量引领重塑供给侧新优势，引领推动产业转型升级。

（2）财政支持

深圳加大财政资金引导力度，拿出"真金白银"引导企业转型。深圳市政府专门设立产业转型升级专项资金，市财政拿出 10 亿元，各区至少拿出 2 亿元（新区管委会拿出 1 亿元），每年统筹不少于 20 亿元财政资金用于转型升级，重点用于清理淘汰低端落后企业和优势传统产业转型升级等领域。2012—2015 年，深圳市产业转型升级专项资金支出就高达约31.8 亿元。

（3）创新驱动

深圳经济实现有质量的增长离不开自主创新的驱动。深圳的经济发展已经跨越了要素驱动和投资驱动发展阶段，转向通过技术进步提高劳动生产率的创新驱动发展阶段。

改革开放之初，深圳利用毗邻香港的优势，通过引进西方先进技术和设备进行模仿式创新，从而逐步缩小与世界前沿技术的差距。从 20 世纪90 年代开始，深圳的高新技术产业依靠模仿式创新完成了最初的资本积累，实现了快速发展。以腾讯为例，其英文名称"Tencent"模仿了世界著名资讯公司朗讯（Lucent），腾讯 QQ 模仿 ICQ、腾讯 TM 模仿 MSN、QQ团队语音模仿 UCTalk。比亚迪也是在反复拆装汽车中学习、由模仿到改进再到自主设计的过程中发展壮大，通过"分解创新"模式实现低成本创新。

2008年全球金融危机爆发前后，深圳的"山寨"产业迅速凋零，模仿式创新亟须转型。深圳在经济形势复杂严峻的背景下提早谋划、高水平规划、高起点布局发展战略性新兴产业，先后出台实施生物、互联网、新能源、新材料、文化创意、新一代信息技术、节能环保等七大战略性新兴产业振兴发展规划和政策。随着互联网、大数据、云计算、物联网等新技术的涌现，传统产业转型升级获得了新的驱动力。华为、中兴等一大批高科技企业开始在世界范围内设立研发中心、联合创新中心，在国内外申请大量的专利。而服装、钟表、黄金等传统产业也走上了依靠知识、智慧、品牌和创意设计走上了高端化发展道路。2008年深圳市被联合国教科文组织授予"设计之都"的称号。深圳逐步由模仿式创新转向追赶式创新。深圳市2016年战略性新兴产业规模进一步提升，增加值达7847.72亿元，约占全市GDP的40.3%，成为拉动经济增长的主要力量。

近几年，深圳市开始涌现大量的创客平台，集聚一批优秀的海内外创客。在互联网时代，正在兴起的创客运动与深圳市先进的制造业基础以及完善丰富的产业链体系的完美结合，为颠覆式创新提供了无限可能。同时，深圳市又着手谋划布局一批发展前景好、技术水平高、价值量高的未来产业。2013年初出台了生命健康、航空航天、海洋、军工以及机器人、智能可穿戴设备和智能装备产业等五大未来产业规划政策，为深圳市占据下一个产业发展制高点打下了基础。2015年，深圳市未来产业规模超4000亿元，成为深圳经济新的增长点。2016年，深圳市四大未来产业中，海洋产业增加值382.83亿元，比上年下降9.0%；航空航天产业增加值84.68亿元，增长5.8%；机器人、可穿戴设备和智能装备产业增加值486.42亿元，增长20.2%；生命健康产业增加值72.35亿元，增长17.9%。深圳正逐步实现从应用技术创新向关键技术、核心技术、前沿技术创新转变，从追赶式创新向源头创新、引领式创新跃升。

（二）落实环保门槛，强力淘汰低端落后产业

尽管深圳市高新技术产业发达，互联网等七大战略性新兴产业快速发展，产业结构比较先进合理，但也存在大量高消耗、高排放、高污染的落后低端产业，后者带来的大量工业污染，以及引发外来人口迅猛增长相应

产生的生活废弃物污染，成为全市的主要环境问题。可以说，深圳过去三四十年的发展历程，实际上也是转型升级的历程，每次成功转型升级的背后都有一批低端产业和企业被转移和淘汰，土地、人才、资金等产业资源被释放并得到重新高效配置。

深圳市很早就组织开展全市低端产业发展现状调研摸底工作，目的是摸清全市低端产业发展现状，剖析低端产业存在的问题，为全市制定产业转型升级、产业规划布局、土地资源整备等相关政策提供决策支撑。自2000年以来深圳市先后9次修订了产业结构调整优化和产业导向目录，从科技水平、经济效益、环保、能耗等方面提高企业进入门槛。2011年，深圳市出台产业转型升级"1＋4"文件中，就明确规定了清理淘汰低端企业的任务，包括提高环境准入门槛、严格环保审批和区域流域限批、加大清理淘汰力度等。深圳市人居环境委也把推动产业结构调整作为促进经济发展方式转变的着力点，积极构建环保倒逼机制，主动淘汰转型高污染、高能耗、低附加值、存在重大安全隐患的企业。

1. 提高行业准入门槛

《深圳市加快产业转型升级十项重点工作》中明确要求相关部门制定淘汰低端企业的细化标准和退出机制。市科工贸信委和市场监管局等部门制定并公布了淘汰低端企业工作指引，明确清理淘汰范围。各区依照指引制定淘汰企业工作方案并将任务指标分解到各职能部门和各街道办事处。严禁高耗能、高排放和产能过剩行业新上项目。强化能耗、环境、用地等指标约束，对列入深圳市产业结构调整优化和产业导向目录非鼓励类项目实行更严格的节能评估审查、环境影响评价、建设用地审查。

深圳市人居环境委员会起草了《关于淘汰高污染产业推进产业转型升级的环境导向标准》，明确了电镀线路板等8个高污染行业和72种高污染、高环境风险产品，要求限期整治、改造或淘汰。并积极推进规划环评、政策环评，提高新建项目的环保准入门槛，对未取得主要污染物总量指标的项目一律不予环评审批或环保验收；对前海等片区规划环评实施了早期介入。

同时，严格落实环境影响评价制度和建设项目分类管理要求，出台了环评技术审查规范，强化新建项目审批把关。连续几年环评执行率保持

100%。以 2011 年为例，全市环保部门共对 24796 个项目进行了环境影响审批，否定不符合环保要求项目 952 项，退档 523 项，如此仅环保审批环节就挡住了一批重污染行业和低端产业项目进入。

2. 加大清理淘汰力度

发挥环境保护、资源节约、安全生产、产品质量、职业健康等方面法律法规和技术标准的门槛作用，综合运用环境保护、节约能源、清洁生产、安全生产、产品质量、知识产权、最低工资、社会保障、职业健康等方面的法律、法规和技术标准约束作用，采取法律和必要的行政手段，对低端企业进行全面排查和快速清理淘汰，采取限期整改、行政处罚、强制淘汰三大倒逼机制，加大高耗能、高污染等低端企业清理淘汰力度。针对电镀、酸洗磷化、铅蓄电池行业等重点行业采用限期治理、吊销排污许可证、清洁生产等手段，依法淘汰了一批工艺设备落后、污染严重而又治理无望的企业。"十二五"期间，深圳淘汰转型低端企业超 1.7 万家。特别是针对河流流域和重点开发区域、重点产业集聚区等重点片区，如观澜河、龙岗河和坪山河流域等区域，深圳引导各区加大力度以片区为单位进行成片清理淘汰落后低端企业和产业环境整治，关停和淘汰"三河流域"电镀、小五金、印染、皮革鞣制和铅蓄电池等领域的污染企业，以及国家明令淘汰的生产技术、装备、产品和落后产能等企业，以高端产业进驻替代原来的低端产业，为新兴产业发展腾出更多的空间和资源。2015 年，深圳通过这种片区清理淘汰和环境整治提升，共清理淘汰 820 家低端企业，释放产业空间超过 200 万平方米。此外，积极推进结构减排，每年按 10% 的比例淘汰或优化电镀线路板、印染、造纸行业中的重污染企业，推动重污染行业有序退出。此外，深圳市还制定了主要污染物排污权有偿使用和交易管理办法及试点方案，2012 年起试点开展排污权交易，逐步淘汰低端企业。

3. 加强环境监管执法，倒逼污染企业转型升级

深圳市各级环保部门将加强环境执法作为改善环境质量、推动环保中心工作落实的重要手段，按照"全覆盖、零容忍、明责任、严执法、重实效"的总体要求，建立全市环境执法统筹协调、市区联动的工作机制，统筹推进全市环境执法工作，持续加大执法力度，严厉查处环境违法行为，

收效显著。

对污染企业实施按日连续计罚。早在 2009 年，深圳市修订的《深圳经济特区环境保护条例》中就创设了"按日计罚"制度。《条例》规定，按日加罚额度为每日 1 万元，计罚期自环保部门做出责令停止违法行为决定之日或者责令限期改正期满之日起至环保部门查验之日止。新环保法出台后，罚款从每天 1 万元变为按"原来的处罚金额"罚款，惩罚力度更大，在很大程度上提高了污染企业违法成本。

行政拘留。对于未批先建拒不改正、无证排污拒不改正、通过暗管等方式违法行为，尚不构成犯罪的，环保部门将案件移送公安机关，对其直接负责的主管人员和其他直接责任人员处五日以上十五日以下拘留，对违法行为人产生了极大的震慑。

2013 年 6 月"两高司法解释"实施以来，深圳经过对移送案件类型的分析发现，移送涉嫌环境污染犯罪案件的主要违法行为类型为"非法排放含重金属超过污染物排放标准三倍以上"。2015 年，深圳全市环保部门开展涉重金属企业专项执法检查行动，先后对 17 家违法排放含重金属污染物或通过暗管排放污染物的违法企业实施查封、扣押，很大程度上改变了以往环境执法"慢半拍"的情况；对 19 家违法排污企业实施停产整治，强化企业的主体责任，提高执法效能，有效维护了公众的环境权益；对 3 家企业实施按日连续处罚，对其中一家违法企业开出最高 130 万元罚单；调查发现涉嫌环境污染犯罪案件 49 宗，全部移送公安机关处理，移送案件数量居全省之首。

创新监管执法方式。深圳市率先开展了名为"点菜式"的随机抽查执法方式，特点是"不定时间、不打招呼、不听汇报，直奔现场、直接检查、直接曝光"，即以数字组号的方式进行"点菜"，在全市重点排污企业中随机点中企业，点中企业的名称、地址等信息由专人保管，在严格保密的情况下，通过导航带领整个执法队伍直奔现场进行突击检查，实现了对环境执法工作的有力监督，倒逼环保执法行为更加规范。

4. 落实环保信贷

深圳市率先把企业环保信用与绿色采购挂钩，明确了标准和程序，开展了企业环保信用评定。从 2007 年起，全市开始推行企业绿色信贷、绿色采购政策，金融机构优先为环保升级改造企业发放贷款。以 2011 年为例，在 783 家重点排污企业中，评定绿牌企业 95 家、蓝牌企业 413 家、黄牌企业 212 家、红牌企业 63 家，结果通报公安、市场监管等部门，以及华为等 24 家绿色采购合作单位。绿色采购合作单位通过核查，停止或冻结了对 10 家红牌企业和 16 家黄牌企业的采购，促动污染企业积极投入整改。2011 年，深圳市人居环境委共向人民银行深圳市中心支行报送 311 条企业违法信息。银行对违法企业收紧政策，压缩信贷额度或停止贷款。共有 5 家企业因环保违法被停贷，涉及金额 1.075 亿元，1 家因环保违法被提前收回贷款；4 家被人民银行约谈，要求规范经营生产，有效促进了企业履行环保责任。2015 年累计向金融机构报送企业环境违法信息及环保信用等级信息 1200 条，银行业累计退出环境违法、黄牌和红牌企业授信 35 户，涉及贷款 102.32 亿元。

5. 建立产业项目登记备案制度

深圳市要求市、区工业厂房租赁管理部门和产业主管部门实行厂房租赁登记备案信息共享和动态监控，并制定了已淘汰企业具有合法产权的土地和厂房处置办法，鼓励社会力量参与已淘汰企业具有合法产权的土地和厂房改造，防止低端落后产业项目回流。

此外，还注重发挥价格杠杆调节作用。推进水、电、气、土地等资源性产品价格形成机制改革，实施差别水价、电价、气价、地价等政策，支持战略性新兴产业、高技术产业、现代服务业和优势传统产业发展，促进形成产业优胜劣汰机制。

根据《深圳市国民经济和社会发展"十三五"规划》，"十三五"期间，深圳市将持续推进产业转型升级，对污染企业实施"控新治旧"。提高环境准入门槛，严格环保审批和区域流域限批，限制重污染行业、低端产业新增污染企业和落后产能。综合利用价格、环保、土地、市场准入、安全生产等多种手段，加快淘汰低端产业。对于产业发展仍需配套存在的电镀线路板等行业，加快推进重污染企业入园、集中治污。对于规模小、量多面广的社区企业，有序引导产业转型升级，研究采取"工改工""工改商""片区更新""参股项目"等模式，促进土地功能转换、产业提升改造，达到增效降耗、节能减排的目的。以茅洲河、坪山河、观澜河、龙岗河流域为重点，强力推动重污染企业的限期搬迁、关闭。

（三）完善节能环保产业发展推进机制

节能环保产业是为节约能源资源、发展循环经济、保护生态环境提供物质基础和技术保障的产业，是国家加快培育和发展的七个战略性新兴产业之一。为推进全市节能环保产业发展，深圳市积极建立了促进环保产业发展的体制机制。2014 年，印发《深圳节能环保产业振兴发展规划（2014—2020 年）》，正式将节能环保产业纳入全市战略性新兴产业范畴。同时，出台了《深圳节能环保产业振兴发展政策》，明确了自 2014 年起连续 7 年，市财政每年安排 5 亿元，设立节能环保产业发展专项资金，用于支持节能环保产业发展。同时，深圳市民营与中小企业发展资金、会展资金和知识产权、标准战略发展等专项资金都向节能环保产业倾斜，共同促进产业发展。

1. 强化政策引导

深圳市按照《国务院关于加快发展节能环保产业的意见》（国发〔2013〕30 号）和《国务院关于印发"十二五"节能环保产业发展规划的通知》（国发〔2012〕19 号）精神，及时出台了《深圳节能环保产业振兴发展规划（2014—2020）》等文件，将节能环保产业纳入深圳市战略新兴产业，以加快经济发展方式转变、促进产业结构优化升级。在这个规划中，明确了深圳市坚持创新为本、坚持集聚发展、坚持应用拉升的基本原则，确立了节能环保产业在产值、创新能力、产业集聚度等方面的发展目标，确定了提升创新能力、促进产业发展、强化产业空间保障、完善服务体系、深化开放合作等主要任务，并提出了高效节能产业、先进环保产业、资源循环利用产业、节能环保服务业等重点领域和重点工程。

同时，成立了深圳新兴高技术产业发展领导小组全面统筹协调全市节能环保产业发展工作。近几年来，持续优化节能环保产业发展政策环境，制定深圳节能环保产业振兴发展政策，落实财政奖励和会计制度，建立健全节能环保产业统计指标体系和统计制度。鼓励企业参与行业标准制定，完善节能环保行业标准体系。在大力促进自主创新、培育壮大企业、推进创新成果产业化、加强国内外合作、开展应用示范工程、打造产业基地和产业集聚区、培养高素质人才队伍、拓展融资渠道、开拓市场等方面予以扶持。

自《深圳节能环保产业振兴发展规划（2014—2020）》印发以来，深圳市节能环保产业快速发展，2013—2015年，节能环保产业产值从850亿元增至1204亿元，比其余六大战略性新兴产业平均增速高达5%。2016年，深圳市节能环保产业增加值401.73亿元，同比增长8.2%。深圳的环境服务业发展很快，比重约占广东省总产值的一半。深圳市环保产业集聚效应初显，逐步形成以中西部为中心辐射带动整个产业链共同发展的格局。经深圳市人居委的统计，南山区、宝安区、福田区合计占深圳市节能环保产值的比重达80%以上，不同区域形成了不同产业集群。比如，节能环保服务业在福田、南山等区域，培育了一批在建筑节能、城镇污水处理和垃圾焚烧发电领域处于国内技术领先水平的企业。

2. 专项资金扶持

深圳市发改委会同市财政委出台了《深圳市节能环保产业发展专项资金管理暂行办法》，明确了资金用途和管理方式。深圳市节能环保产业专项资金扶持领域主要包括高效节能产业、先进环保产业、资源循环利用产业、节能环保服务业等。其中，高效节能产业重点扶持电机及拖动节能设备、节能监测设备、余热余压利用技术和设备、锅炉窑炉及相关技术和设备、新型节能建筑材料、高效节能照明产品、高效节能电器、节能汽车等领域。先进环保产业重点扶持大气污染防治技术和设备、环境污染监测技术和设备、水污染防治技术和设备、固废处理处置技术和设备、噪声污染控制技术和设备、生态修复技术和设备、清洁生产技术和设备、环保材料与药剂等。资源循环利用产业重点扶持工业固体废弃物资源综合利用、建筑固体废弃物资源综合利用、再生资源循环利用、汽车零部件及机电产品再制造、生物质废弃物循环利用、海水淡化及综合利用等。节能环保服务业重点扶持节能服务业、环保服务业和再制造服务业等。

深圳市节能环保产业专项资金扶持主要遵循以下原则：一是重点领域重点扶持原则；二是重点企业重点扶持原则，发挥龙头企业、重点企业的主力军作用；三是产业发展关键环节扶持原则；四是资助金额与投资规模和贡献相匹配原则。此外，在对重点企业、重点项目予以重点支持的同时，也考虑对具有良好成长性的创新型中小企业也予以积极扶持，避免资金资助过度集中在少数企业和项目上。

专项资金以无偿资助、贷款贴息和股权入股等三种方式对符合条件的申请项目进行扶持，主要用于申请项目的研究开发和应用推广、购置研究开发及工程化所需的仪器设备、改善工艺设备和测试条件、建设产业化或工程化验证成套装置和试验装置等。

当前深圳市发展改革委节能环保产业专项扶持计划共三类：一是高技术产业化项目专项扶持计划；二是国家/省级项目配套扶持计划；三是市级工程实验室扶持计划。高技术产业化（贷款贴息）项目资助额原则上单个项目最高不超过1500万元；高技术产业化（股权资助）项目资助额原则上单个项目财政资金股权投资金额最高不超过1500万元，直接补贴金额最高不超过1500万元；对国家和省级研发和产业化项目的配套资助原则上单个项目最高不超过1500万元；节能环保产业工程实验室项目的资助额原则上单个项目最高不超过500万元。

规划政策实施三年来，深圳市政府积极推进节能环保产业发展专项资金扶持计划，积极建设创新载体，培育壮大节能环保企业，全市节能环保产业蓬勃发展。仅2015年，深圳市新增节能环保领域研发类项目114个，共启动节能环保产业发展专项资金九批，下达专项资金4.951亿元，扶持项目254个，撬动社会总投资近60亿元。截至2015年底，累计新建工程实验室、重点实验室、公共技术服务平台等各级研发平台82个。

3.拓展业务模式培育产业新增长点

近两年，我国环保产业发展呈现出许多新特点，企业并购重组案例不断、PPP模式陆续得到实践。这些产业发展趋势也体现在了深圳的环保企业中。深圳的环保企业正在通过并购重组拓展业务领域，提升企业竞争力。不仅如此，企业还积极拓展业务模式培育产业新增长点。

在企业并购方面，东江环保以现金收购河北衡水睿韬环保公司85%的股权，把危废处理业务拓展到河北；世纪星源以4.49亿元并购浙江博世华环保科技有限公司80.51%股权，实现公司在环境服务业的深度发展。

我国和外国国情不同，国外企业把产业链分得很细，通常只做其中一部分；而在我国，尤其是市政项目，客户更希望获得综合环境服务，直接看到成果。因此要求企业具备较强的提供整体解决方案的能力，所以完整的产业链是必不可少的。在此背景下，很多企业均意识到未来发展要做全产业链。例如，铁汉生态以设立生态产业基金的模式进军水污染治理市场，同时探索PPP模式、生态旅游等新领域。

PPP模式也在深圳得到了实践。例如，深圳水务集团成功签约住建部和财政部推广的政府购买服务试点项目，这一PPP项目受到社会广泛关注，进一步扩大了"深圳质量"品牌效应。

在技术和模式创新的探索中，深圳环保企业产值也得到快速提升。据不完全统计，深圳节能环保产业营收过亿元的企业有100余家，10亿元以上的有接近20家，百亿元以上的有两家。深圳在节能、环保、资源循环利用等各细分领域，已经形成了创维—RGB、比亚迪、铁汉生态、东江环保等龙头企业。

二　大力发展循环经济

以优化资源利用方式和提高资源利用效率为核心，大力发展循环经济，推行企业循环式生产、产业循环式组合、园区循环式改造，促进生产、流通、消费过程的减量化、再利用、资源化，构建低投入高产出、低消耗少排放、能循环可持续的经济发展模式，努力建成循环发展示范城市。

（一）逐步完善循环经济发展法规政策体系

从2004年起，深圳市政府就将循环经济发展列为一项重要工作，逐步完善循环经济发展政策环境。目前已初步形成了促进循环经济发展的地方性多层次法规政策框架体系：第一个层次是在全国率先颁布了《深圳经济特区循环经济促进条例》，这是纲领性法规；第二个层次是节能、节水、资源综合利用等专项配套法规，如《深圳市建筑废弃物减排与利用条例》《深圳市循环经济与节能减排专项资金管理暂行办法》等；第三个层次是与前两个层次的法规、规章相配套的各项实施办法、技术规范、产品或工艺目录等一系列规范性文件，如《深圳市全面推进循环经济发展近期实施方案（2006—2008）》《〈深圳市循环经济试点实施方案（2010—2015年）〉实施意见》等。此外，还出台了《深圳市循环经济"十一五"规划》《深圳市循环经济"十二五"规划》《深圳市循环经济"十三五"规划》等，并在此基础上编制不同领域的专项规划及各区循环经济发展规划，构建较为完善的循环经济规划体系。深圳市的循环经济立法和规划工作已经走在了全国前列。

2004 年，深圳市人民政府办公厅转发省政府办公厅《转发省经贸委关于广东省开展资源节约活动工作意见的通知》，循环经济的发展由此起步。2005 年，深圳市委市政府进一步明确坚持自主创新和发展循环经济的战略目标，并于 2006 年 3 月 14 日颁布《深圳经济特区循环经济促进条例》，成为国内首部发展循环经济的地方性法规。该条例借鉴发达国家的成功经验，结合深圳的实际需要，确立了发展循环经济的 10 项基本制度：一是发展循环经济的规划、计划制度；二是循环经济发展评价制度；三是抑制废弃物产生，建立废弃物回收、废弃物循环利用制度；四是清洁生产审核制度；五是政策扶持制度和淘汰制度；六是绿色消费制度；七是政府绿色采购制度；八是财政补贴制度和资金支持制度；九是政绩考核制度；十是宣传教育制度。

2006 年 4 月，深圳市委市政府做出了《关于全面推进循环经济发展的决定》（本节下简称《决定》），提出要从战略和全局的高度充分认识发展循环经济的极端重要性和紧迫性，并在一系列量化目标的指引下，明确了发展循环经济的主要思路是：从企业、产业园区、社区和社会层面构建循环经济体系；建立健全生产者责任延伸制度和消费者付费制度、绿色消费鼓励制度、项目生态化评审制度、绿色统计与核算制度；抓好资源利用、废弃物产生、再生资源形成和消费等四个关键环节。为了贯彻执行《决定》的具体安排，深圳还同时出台了《深圳市全面推进循环经济发展近期实施方案（2006—2008）》，指出了深圳当前所要完成的主要任务，详细列明了需要先期推进的十项重点工作。

2006 年底，深圳市政府颁布实施了《深圳市循环经济"十一五"发展规划》。规划提出，深圳将重点选择电子通信、能源、建筑、生物医药、精细化工、纺织印染、电镀、交通、物流、餐饮等十大重点行业作为率先发展循环经济的行业，待取得成效后在全市范围推广。"十一五"期间深圳循环经济发展的 8 个重点方面包括：建设城市水循环系统，创建节水型城市；实施节能降耗，推广清洁能源；构建生态化产业体系；完善可再生资源的综合利用体系；加快绿色交通体系建设；大力推进绿色消费；创建循环型社区和城区；完善生态系统，建设绿色家园。规划尝试制定的"循环经济综合评价指标体系"，分为"循环经济社会基础建设指标"和"循环经济发展水平评价指标"两大部分共 42 项。其中"循环经济社会基础建设指标"又分为软环境和硬环境两大类别；"循环经济发展水平评价指标"分为经济发展、社会生活、政府建设、资源效益、环境效益和生态安全等六个类别。

2012 年，深圳市政府五届五十次常务会议审议并通过了《深圳市循环经济"十二五"规划》。该规划明确了深圳市发展循环经济的指导思想、规划思路、实现路径、相关重点，对发展循环经济的政策法规体系、技术创新体系等，进行了全面研究和安排，并以重点项目示范和关键技术推广为抓手，努力推进循环经济形成较大规模。同时，规划要求全面推动深圳市国家循环经济试点城市的建设，通过循环经济发展推进发展方式转变和经济结构优化，提升发展质量。

2017 年 1 月，深圳市印发《深圳市循环经济"十三五"规划》，明确了未来几年循环经济的发展战略、发展目标，确定了加快转型升级构建工业循环体系、推进绿色服务构建服务业循环体系、引导绿色消费构建社会循环体系、实施创新驱动构建循环经济支撑体系四大主要任务，提出了八类重点工程。

在技术标准体系方面，颁布实施《深圳市绿色建筑评价规范》《深圳市建筑能耗限额标准》等，进一步健全了深圳市循环经济技术标准体系。

伴随着深圳各项循环经济促进政策的逐步落实，深圳循环经济水平呈快速上升的态势。

（二）建立市区两级发展循环经济管理体制

在管理体制方面，深圳市建立了市区两级发展循环经济的管理体制，确保循环经济和节能减排工作按计划统筹协调推进。2006 年，深圳市成立深圳市发展循环经济领导小组，由市长任组长，成员单位包括各区政府和市直有关职能部门，负责统筹、协调和指导全市循环经济发展工作。2007 年，成立深圳市节能减排工作领导小组，同时，各区成立相应机构，统筹指导各区循环经济和节能减排工作，组织有关循环经济政策的贯彻与实施。政府职能部门及各区政府紧密配合，为循环经济的发展创造条件。

根据《深圳经济特区循环经济促进条例》的要求，在《关于全面推进循环经济发展的决定》和《深圳市全面推进循环经济发展近期实施方案》的统一指导下，深圳市政府各职能部门紧密配合，一系列促进循环经济发展的政策措施相继出台：市发展改革委拟定了《深圳市循环经济示范项目认定办法》，建立了循环经济示范项目库，并把发展循环经济纳入了政府投资的重点领域。市人居环境委在全市组织开展了"鹏城减废行动"。市科创委将高新技术企业享受的各项优惠政策扩展到循环经济企业，并把循环经济技术作为深圳技术创新的重要内容，给予相应的政策支持。市住建局也推出了《深圳市建设系统全面推进循环经济发展实施方案》和14个配套文件，并以太阳能产业为突破口，推进建筑节能。市城管局起草完成了《深圳市餐厨垃圾和废弃食用油脂管理办法》。市财政委编制了《财政支持循环经济发展的对策措施》，并编制了绿色产品目录、政府绿色采购目录。市规划国土委在《深圳2030城市发展策略》中，明确提出将建设资源节约型城市作为深圳未来的发展战略。

在市级职能部门的政策支持下，各区政府也积极行动，强力推进辖区的循环经济发展。罗湖区制定了《罗湖区全面推进循环经济发展工作方案》，推出了"十大行动"方案，在全区范围内形成了政府垂范、企业响应、全民参与的氛围。福田区制定了"1＋5"文件，明确了构建有福田特色的循环经济体系的22项工作任务，启动了九大示范工程。南山区出台了《中共南山区委南山区人民政府关于加快发展循环经济的意见》和70条具体规定，研究制定《南山区发展循环经济"十一五"规划》《南山区发展循环经济"十二五"规划》，基本形成了较完整的政策体系。盐田区出台了《循环经济发展白皮书》等一系列政策文件，全面系统地提出了循环经济发展的主要任务和具体措施。宝安区出台了《全面推进循环经济发展"一十百千万"示范工程实施方案》，加强循环经济发展的政策引导。龙岗区出台了《中共深圳市龙岗区人民政府关于发展循环经济的实施意见》，并在产业发展、城市建设、城市管理和社会管理等方面全面践行循环经济。

（三）建立发展循环经济激励机制

在激励机制方面，深圳市设立了循环经济与节能减排专项资金、新能源产业发展专项资金等，为发展循环经济提供了资金保障。

2012 年，深圳市印发《深圳市循环经济与节能减排专项资金管理办法》，建立财政专项资助制度，促进、引导和支持全市循环经济和节能减排工作。全市层面，划出专项资金支持循环经济发展，主要用于：对循环经济试点单位的资助，包括循环经济试点支撑项目建设、循环经济试点城区、试点园区、试点社区及循环经济加速器等单位与循环经济和节能减排有关的基础设施建设；对循环经济和节能减排项目的资助，包括节能、节水、节材、节地、资源综合利用、环境保护和污染治理、新能源开发等领域的项目；对循环经济和节能减排公共服务平台、公共技术平台建设的资助，包括节能减排、循环经济、低碳服务机构能力建设，执法能力、监管和督导体系建设，研发中心及重点实验室建设，相关关键技术研发和推广等；对国家或省级循环经济、节能减排、低碳试点单位、示范项目或其他与循环经济、节能减排、低碳试点有关的获奖项目安排配套资助资金或给予奖励；对本市循环经济和节能减排先进集体和个人的奖励；对循环经济和节能减排产品、技术方案推广期间的价格补贴；对本市从事清洁生产研究、示范和培训，实施清洁生产重点技术改造项目，开展自愿清洁生产的企业给予资助；对建筑节能项目的资助；对合同能源管理项目的资助；对低碳发展项目的资助；等等。

深圳市每年安排发展循环经济和节能减排专项资金达 5 亿元，采用无偿资助、贷款贴息和奖励等方式扶持循环经济发展。在此基础上，各区根据自身实际情况也划出相应的专项资金用于扶持循环经济的发展。

此外，深圳市高度重视循环经济示范试点工作，通过重点项目示范和推广，激励更多的企业发展循环经济。2006 年深圳市出台了《深圳市循环经济示范项目认定办法（试行）》，第一批认定了 37 个示范项目，评选了 1 家发展循环经济标兵单位，并搭建起循环经济示范项目公共展示平台、技术交流平台和信息数据交换平台。为发展循环经济而出台的一系列激励措施，不仅使循环经济理念深入人心，也大大地激发了深圳企业发展循环经济的热情。目前，深圳已涌现出一大批成功的循环经济项目，示范效应开始显现。

（四）建立循环经济评价指标体系和统计核算制度

深圳市建立了包括发展循环经济的软硬环境、经济发展、社会生活、政府建设、资源效益、环境效益以及生态安全等内容的指标体系，涵盖社会生活发展的方方面面。2007年，深圳市人民政府制定并实施了《深圳市循环经济统计与核算管理办法》，自此建立了深圳市全面调查与非全面调查相结合的循环经济统计调查制度和部门统计调查制度，并构建全市循环经济统计信息资源共享平台，实现了全市各部门循环经济统计信息互通共享。

2008年，深圳市统计局、发展和改革局（现发展改革委）、贸易工业局（现经贸信息委）制定了《深圳市单位GDP能耗统计指标体系实施方案》和《深圳市单位GDP能耗监测体系实施方案》。深圳市环保局（现人居环境委）编制了《循环经济指标计算与适用办法（试行）》，印发《关于开展建设项目环境影响评价循环经济指标应用的通知》，要求在建设项目环境影响评价报告书（表）中专门设置循环经济分析章节，对工业产值COD排放量等6个指标进行计算和分析评价。

2014年，为解决国内循环经济长期缺乏系统、规范的技术指标、评价参数以及统计数据的问题，深圳市福田区加快绿色发展模式创新，通过引进市场力量，推动建立绿色发展评价机制，在全国率先制定和出台具有前瞻性和可操作性的循环经济评价标准体系，包括《园区循环经济评价标准》《楼宇循环经济评价标准》《商场循环经济评价标准》和《循环经济项目评价标准》，建立基本指标、管理指标、技术指标、鼓励指标四类评价指标体系。这是全国行政区中第一个循环经济评价标准体系，填补了地方循环经济评价标准的国内空白，为推广循环经济先进技术、典型模式和示范工程提供技术支撑。

在此基础上，福田区还制定了《福田区循环经济评价指引办法（暂行）》，对循环经济评价范围和依据、组织实施、标识管理、激励和监督机制等做了明确规定，使循环经济评价行为规范化、常态化，形成绿色发展长效机制。社会主体可根据自身实际，选择参与园区、楼宇、商场、项目四类循环经济评价。其中园区、楼宇、商场分别依据福田区《园区循环经济评价标准》《楼宇循环经济评价标准》《商场循环经济评价标准》做出评价打分，按得分结果划分为三星、二星、一星、达标、不达标五个等级；辖区循环经济项目依据《循环经济项目评价标准》做出评分，并按得分结果划分为三个等级：A、B、C 三个等级。

取得一星级及以上的循环经济园区、楼宇、商场和取得 B 级及以上的循环经济项目，颁发福田区循环经济标识；二星级及以上或者 A 级可参评循环经济示范，按得分高低择优评定；评级为达标、不达标或者 C 级的，发整改建议书，推动企业有针对性地从强化管理、应用绿色技术、实施节能改造、循环利用等方面着手实现提升。

为鼓励社会主体自愿参与循环经济评价，根据《福田区产业发展专项资金支持绿色发展实施细则》，参与循环经济评价且符合政策条件的企业及其项目，在同等条件下可优先获得资金和费用支持。

通过建立技术标准和实施循环经济评价，一方面树立了典型，有利于进一步推广循环经济先进技术、有效模式和示范工程，加快绿色技术在重点产业、重要领域的应用，引导社会绿色采购、绿色消费，提高资源综合利用效率；另一方面便于发现问题，明确高能耗、高排放的区域和原因，提出针对性强的药方，为制定和实施针对性更强的政策措施提供明确依据。

（五）大力推进清洁生产

一是加强组织领导，发挥职能部门作用。2003 年 3 月，深圳市人居环境委在认真贯彻落实《中华人民共和国清洁生产促进法》的基础上，结合深圳市实际，制定并颁布实施了《深圳市清洁生产实施意见》，并由市经贸局牵头，联合 12 个有关政府部门成立了"深圳市清洁生产协调小组"，统筹协调积极推进深圳市清洁生产工作的开展，大力推广节能、环保的清洁生产。

二是加强清洁生产宣传，强化清洁生产意识。通过电视、广播、报刊和网络等媒体宣传国家、省、市有关清洁生产的政策法规。特别是加强了对通过省经贸委清洁生产审核验收的企业的宣传，树立典型，以点带面，使更多的企业认识到清洁生产给企业和社会带来的实实在在的好处，让更多的企业自觉参与到清洁生产中来。通过开展大工业区清洁生产试点示范，使清洁生产从点到面逐步扩大，在深圳市主要工业园区建立清洁生产的管理机制，引导企业自觉进行清洁生产。

三是大力推行重点行业清洁生产。2003 年 12 月，《国务院办公厅转发发展改革委等部门关于加快推行清洁生产意见的通知》下发后，根据意见精神和要求，深圳市从 2004 年开始，针对行业现状，组织推行全市重点行业实施清洁生产工作计划，选择能源、印染、电子、化工、电镀等 5 个行业的 15 家企业开展清洁生产示范工作。通过推行清洁生产，除了使这些企业建立起清洁生产机制外，还取得了基于清洁生产的企业竞争战略、重点行业清洁生产工作指南、重点行业清洁生产关键共性技术等五个成果，用于指导全行业开展清洁生产工作。

四是强制实施清洁生产审核。2007 年，《深圳市清洁生产审核实施细则》颁布实施，规定对污染物排放超过国家和省级标准，或总量超过深圳市排放控制指标的污染严重企业，以及使用有毒有害原料进行生产或生产中排放有害物质的企业，实施强制性清洁生产审核。依据有关规定，分批次开展强制性清洁生产审核，对其清洁生产实施情况开展评估验收，将通过评估验收作为企业申请污染治理补助资金的前提条件，未通过评估验收的限期整改，对拒不改正的企业加大处罚力度。"十二五"期间，深圳市共有 1125 家企业实施强制性清洁生产审核。

五是分工合作，共同推进。为便于工作出发，根据政府职能部门工作管辖情况，深圳市对推动清洁生产审核工作进行了分工。强制性清洁生产审核由环保部门提出企业名单，限期完成清洁生产审核验收；自愿性清洁生产审核由工业主管部门负责，对于自愿参加清洁生产审核的企业，由市贸工部门负责引导并推荐中介机构组织实施。为了使清洁生产工作科学、有序、稳步推进，深圳市与清华大学共同成立了"深圳—清华清洁生产研究中心"，目前，深圳市清洁生产咨询服务、技术指导工作，主要委托该中心来完成。

六是政府资金支持，企业收益。为鼓励企业积极开展清洁生产活动，减轻企业负担，对自愿开展清洁生产审核的企业，深圳市政府有关专项资金（基金）如节能减排专项资金对实施清洁生产发生的费用（审核、验收等）给予资助。对于通过清洁生产审核验收，且清洁生产方案实施后成效显著的企业，市政府给予表彰和奖励，并在市有关媒体公布宣传。

三　打造资源能源高效利用体系

（一）推进资源性产品价格改革

推进水、电、气等资源性产品价格改革是贯彻落实党的十八届三中、四中、五中和六中全会精神，全面深化价格改革的重点领域。按照国家和省的部署，深圳市从 2014 年起先后开展了电价改革、气价改革和水价改革，并取得了积极成效。

1.电价改革

早在 20 世纪 80 年代末，深圳市在电价管理机制、销售电价结构等方面就已进行了改革，包括设立以电价调节准备金为基础的动态平衡机制，根据用户的用电负荷特性改革销售电价结构等，形成了有别于其他地方的独立电价体系。

为探索建立独立的输配电价形成机制，推进电力市场化改革，根据《国务院办公厅关于印发电价改革方案的通知》（国办发〔2003〕62 号）、《国家发展改革委关于印发电价改革实施办法的通知》（发改价格〔2005〕514 号）等国家电价改革部署，南方电网公司在 2013 年初向国家发改委、广东省发改委提出以深圳作为输配电价改革试点的工作建议，通过细致分析、周密研究，提出了电网投资监管、成本约束激励机制等方面的完善性建议。

2014 年 10 月 23 日，国家发改委下发《国家发展改革委关于深圳市开展输配电价改革试点的通知》，并印发《深圳市输配电价改革试点方案》，正式在深圳市启动我国新一轮输配电价改革试点，此后又进一步制定了《推进深圳市输配电价改革试点实施工作方案》和《深圳市销售电价调整方案》，全面部署、加强宣贯，确保深圳市输配电价改革试点顺利实施。2014 年 12 月 31 日，国家发展改革委批复同意了深圳市销售电价调整方案，自 2015 年 2 月 1 日起实施。输配电价第一个监管周期为 2015 年 1 月 1 日至 2017 年 12 月 31 日。

深圳市输配电价改革试点主要针对的是具有网络型自然垄断性质的电网企业。根据《深圳市输配电价改革试点方案》，深圳市在独立输配电价体系建成后，积极推进发电侧和销售侧电价市场化。鼓励放开竞争性环节电力价格，把输配电价与发电、售电价在形成机制上分开，参与市场交易的发电企业上网电价，通过用户或者市场化售电主体与发电企业自愿协商、市场竞价等方式自主确定，电网企业按照政府核定的输配电价收取过网费。以往，买电方根据不同用电性质被规定了层次化的售电价；电厂供应方则考虑不同类型机组制定不同的上网电价；而电网的收入则是通过"售电价减去上网电价"而获得，透明度不高。改革后，对电网企业的价格监督方式由现行核定购电售电两头价格、电网企业获得差价收入的间接监管，改变为以电网资产为基础对输配电收入、成本和价格全方位直接监管，建立独立的输配电价体系，输配电价按成本加收益的方式确定；实行事前监管，提前公布监管周期内输配电价水平，引导合理投资，建立健全成本约束与激励机制。

在成本监审基础上，按"准许成本加合理收益"方式确定输配电总收入和输配电价。电网实际成本高于政府核定的准许成本时，高出部分由企业自行消化；低于准许成本时，节约成本可在企业与用户之间分享。在一个监管周期内，如果电网实际成本低于核定的准许成本，则节约部分的50%留给企业，并在下一监管周期核价时予以适当考虑。

此次输配电价改革改变了电网企业以往依靠购售电差价弥补成本、获取利润的方式，是我国第一次以电网总资产为基础，在成本监审基础上，按准许成本和合理收益原则核定的输配电价。经审核，2015—2017年深圳市电网输配电价水平，分别为每千瓦时0.1435元、0.1433元和0.1428元，2015年水平比2014年深圳电网实际购电、售电价差每千瓦时0.1558元下降1.23分，按照深圳市2014年的售电量计算，降价金额9亿元。与此同时，深圳市购电成本降价金额为4亿元左右，两者相加，深圳市在此轮电改中拥有了13亿元的降价空间。

深圳市在销售电价调整中，工业电价维持不变，商业用电降幅最大。针对当前深圳市商业电价过高的实际情况，主要利用深圳市输配电价改革的降价空间9亿元，加上深圳市购电成本下降的空间，在工业电价维持不变的情况下，大幅降低深圳市各类商业电价，将其降低至现行工业电价水平，商业电价平均降价幅度为每千瓦时8.43分，降幅远高于广东省内其他地区，基本与工业用电价格持平。通过降价，大幅度减轻了深圳市商业、服务业等企业的电费负担，体现了对商贸流通等现代服务业和高新技术企业的鼓励和支持，符合深圳市产业结构转型升级的战略目标，也体现了扶持小微型企业创业的宗旨。此外，对销售电价结构进行改革，调价后深圳市的销售电价行业上仅划分为"工商业及其他用电"和"城乡居民生活用电"两类，提前实现了国家销售电价分类改革目标。

新的价格机制下，电网企业盈利由现行"购销价差"模式改为"成本加收益"模式，准许成本和收益由政府监管部门严格核定。这对于促进电网企业健康协调发展、促进电力市场化改革、还原能源商品属性都具有重大意义。深圳市作为全国第一个输配电价改革试点，其意义在于按国际通行的核价方法监管电网企业收入，加强对电网企业成本的约束，同时引入激励性机制促使企业提高效率，标志着我国对电网企业监管方式的转变，也是电价改革开始提速的重要信号。深圳市的改革试点也将为其他地区输配电价改革积累经验，推动我国实现输配电价监管的科学化、规范化和制度化。

2. 气价改革

天然气是一种不可再生的资源，为了保基本、促节约国家提出阶梯气价政策。早在 2008 年，深圳就率先在全国建立了居民生活用气阶梯价格制度，不过只设置了两个阶梯档次，且分档气量较为宽松，也与国家当前的要求不完全一致。国家要求各档气价按照不超过 1∶1.2∶1.5 的比例关系确定，实行超额累进加价，而深圳市第一档与第二档的气价之比仅为 1∶1.14。

2014 年 3 月，国家发改委印发《关于建立健全居民生活用气阶梯价格制度的指导意见》（发改价格〔2014〕467 号），提出将居民用气划分为三档，并明确要求"2015 年底前所有已通气城市均应建立起居民生活用气阶梯价格制度"。

根据《关于建立健全居民生活用气阶梯价格制度的指导意见》和《广东省发展改革委关于实施居民生活用气阶梯价格制度有关工作的通知》（粤发改价格〔2014〕381 号）的有关规定，结合深圳市实际，深圳市发展改革委于 2015 年 10 月 29 日召开了天然气价改听证会，并于 2015 年 12

月 31 日下发《关于完善居民生活用气阶梯价格制度的通知》，就调整居民生活用气阶梯价格做了制度安排。

居民生活用气包括居民居家生活和集体宿舍用气，以及学校教学和学生生活、社会福利机构等国家和省有关政策规定按居民生活用气价格计收气费的特定用气。深圳市主要按照"管住中间、放开两头"总体思路，推进天然气价格改革，促进市场主体多元化竞争，稳妥处理和逐步减少交叉补贴，还原能源商品属性。深圳居民用气价格的调整，除了按照国家规定外，也充分考虑了成本增加。在成本监审过程中，在价格调整中考虑了两项新增成本因素，一是民用燃气流量表更换费用，二是天然气调峰与储备库建设增加的成本费用。调整后的居民生活用气阶梯价格安排为：

（1）分档气量：第一档用气量每年 5 月至 10 月为 0—30（含）立方米、11 月至次年 4 月为 0—40（含）立方米；第二档用气量每年 5 月至 10 月为 30—35（含）立方米、11 月至次年 4 月为 40—45（含）立方米；第三档用气量每年 5 月至 10 月为 35 立方米以上、11 月至次年 4 月为 45 立方米以上。

（2）分档气价。各档气价实行超额累进加价，其中：第一档气价为 3.50 元/立方米、第二档气价为 4.00 元/立方米，第三档气价 5.25 元/立方米。

深圳市自 2016 年 1 月 1 日起实行调整后的居民生活用气阶梯价格制度。

通过天然气价格改革，理顺了天然气价格，可加快放开天然气气源和销售价格，进一步完善管道天然气阶梯价格制度，建立主要由市场决定能源价格的机制。

3. 水价改革

水价改革是资源性产品价格改革的重要内容，近年来，国家和省相继出台了《国家发展改革委住房城乡建设部关于加快建立完善城镇居民用水阶梯价格制度的指导意见》（发改价格〔2013〕2676 号）、《广东省发展和改革委员会广东省财政厅广东省水利厅关于调整水资源费征收标准的通知》（粤发改价格〔2015〕847 号）、《广东省发展改革委关于调整东深供水工程东莞—深圳沿线价格的通知》（粤发改价格函〔2016〕2661 号）等系列文件，要求推进水价改革，进一步提高水资源费征收标准和原水价格，完善居民阶梯水价制度，简化水价分类，实行差别水价政策等。深圳市水资源紧缺，约80%的原水需从市外引进，随着人口的增加和经济的发展，用水需求越来越大，有必要进一步深化水价改革，更好地发挥价格杠杆作用，促进节约用水，引导水资源合理配置。为此，深圳市发展改革委会同市水务局经调查研究、成本监审、价格听证、专家咨询论证、合法性审查、社会稳定风险评估等法定定价程序，制定了《深圳市水价改革实施方案》。

根据《深圳市水价改革实施方案》，深圳市水价改革的总体目标是：进一步深化水价改革，建立充分体现深圳市水资源紧缺状况，以节水和合理配置水资源、提高用水效率、促进水资源可持续利用、推动绿色低碳发展为核心的水价政策体系。水价改革遵循了保障基本生活需求与推动绿色低碳发展相结合、补偿成本与优质优价相结合、稳定价格和动态调整相结合、强化监管与鼓励创新相结合等基本原则。水价改革措施包括：完善阶梯水价制度，拉大各阶梯价差，更好地发挥价格杠杆促进节约用水的作用；积极利用水价政策促进经济发展方式转变和经济结构调整；按照"补偿成本、合理收益、促进节水和公平负担"的原则，简化用水分类；通过价格政策，推动减少供水中间环节；统一全市水价政策，促进公平负担和公共服务均等化；引导供水企业提升水质，实现优质优价；合理调整水价，保障供水行业可持续发展。将深圳市原水价格统一调整到1.06元/立方米，自来水综合价格统一调整到3.449元/立方米；完善水价调节机制，设立自来水价格平衡账户；建立自来水价格与原水价格联动机制，及时理顺上下游水价关系；确保公共财政对防洪等公益性项目的投入，保障供水安全。

深圳市水价改革通过优质优价、设立自来水价格平衡账户和建立自来水价格与原水价格联动机制等措施，进一步完善了水价形成机制，促进了供水行业的可持续发展；同时，通过统一全市原水价格和自来水基准价格、简化水价分类、推动减少供水中间环节和确保公共财政对供水事业的投入等措施，促进了用户公平负担和公共服务均等化；此外，通过完善居民用水阶梯水价制度、全面实施单位用水超计划加价制度和实行差别水价政策等措施，更好地发挥了价格杠杆促进节约用水、推动绿色低碳发展的作用。

此外，深圳市始终坚持逐步完善资源使用的定价制度，建立废弃物排放收费制度和对循环利用资源、清洁生产、治理环境的补贴制度。出台《深圳市污水处理费征收使用管理办法》《深圳市城市生活垃圾处理费征收和使用管理办法》，制定管道天然气试行价格和垃圾焚烧发电厂垃圾处理费支付标准。研究完善污水处理费政策，加快建立反映市场供求关系、资源稀缺程度、生态环境修复成本的价格形成机制。

（二）水资源管理

深圳本地水资源缺乏，城市供水依赖外调水源，全市水资源短缺形势严峻，本地微弱的水环境要承载大量的污染负荷。水资源紧缺和水环境污染问题已经成为深圳建设现代化国际化先进城市的最紧迫、最直接、最主要的重要制约因素之一。

鉴于深圳发展进程中所面临的水问题在全国范围内具有超前的代表性，2010 年 4 月，深圳市被水利部确认为水资源综合管理试点市，并于2012 年顺利通过水利部中期评估，按要求转入加快实施最严格水资源管理制度试点阶段。自开展试点建设以来，深圳市认真贯彻落实国务院和广东省政府的决策部署，把落实最严格水资源管理制度作为破解资源环境"瓶颈"制约、转变经济发展方式、打造"深圳质量"的重要举措，紧扣水资源开发利用总量、水功能区纳污总量、用水效率总量控制"三条红线"，突出抓住用水总量要"控"、水资源配置要"优"、节水管理要"全"、非常规水资源利用要"新"、水生态保护要"实"、监督管理要"严"六项特色工作，锐意改革创新，试点工作取得了明显成效，初步走出了一条城市水资源节约利用可持续发展之路。

1. 健全节水法规制度体系

深圳市制定纲领文件，统筹试点建设，以《深圳市水资源综合管理试点工作方案》为基础，结合水利部、广东省最严格水资源管理制度建设要求，编制了《深圳市最严格水资源管理制度试点工作方案》，印发实施了《深圳市实行最严格水资源管理制度的意见》，将实施最严格水资源管理制度工作任务分解到全市各区（新区）、各职能部门并纳入考核；完善水资源法律法规，规范水资源管理，先后颁布实施了《深圳经济特区水资源管理条例》《深圳经济特区河道管理条例》《深圳市东江水源工程管护办法》《深圳市建设项目用水节水管理办法》《深圳市污水处理厂运营质量标准》《深圳市河道分级管理办法》《深圳市小型水库管理办法》等 30 余部涉水法规规章，出台《深圳市节约用水规划（2005—2020 年）》《深圳市水资源综合利用规划》等多项节水相关规划制度，实施建设项目节水"三同时"、单位用户计划用水及超计划用水累进加价收费等多项管理制度，节水法制体系已经建立。

2. 强化责任和考核

深圳市委、市政府高度重视水资源管理工作，成立了由常务副市长为总召集人，分管副秘书长、市水务局局长为召集人，市发改、财政、经贸、规划国土、人居、监察、审计、建设、水务、法制、工务等市政府直属职能单位，以及各区政府（新区管委会）分管负责人为成员的"深圳市加快实施最严格水资源管理制度试点工作"联席会议，多方联动，齐抓共管；定期开展督办考核，强化责任落实，印发实施《深圳市实行最严格水资源管理制度考核细则》，将市直部门考核结果纳入市政府绩效管理"专项工作"指标评价，各区（新区）考核结果纳入市政府绩效管理"水务建设与管理"评价指标，推动工作落到实处。

3. 持续资金投入

深圳市坚持把水资源建设管理投入列入财政支出的重要内容，市财政投资逐年大幅度增加。同时，积极引导外资和民营资本参与环保基础设施建设，不断拓宽环保投资渠道，较好地保证了环保投资需求。2011—2013 年，全市水务建设投资累计达 168 亿元，水务年均投资占国内生产总值的比例均保持在 0.4% 左右。试点建设投资共计 131.6 亿元。

4. 确立水资源控制红线，实行用水总量控制管理

深圳市深入研究水资源承载能力，科学合理确定用水需求。2010 年深圳市水务部门的"深圳市水资源承载力研究""深圳市 2015—2020 年需水量预测研究"等成果成为指导深圳市"十二五""十三五"期间开展水资源管理的重要参考依据。2013 年印发实施《深圳市用水总量分配方案》，将广东省下达给深圳市的用水总量 19 亿立方米/年指标在全市 10 个区

（新区）进行分配，发挥分水指标在区域产业布局、发展规划、水资源管理方面"指挥棒"作用。深圳市还严格实施水资源论证制度、强化水资源事前管理，完善取水许可法规制度、强化取水许可审批管理，完善水源保障能力体系建设、提高水资源调控能力，完善水源计量监控体系、实现水资源实时监控，完善应急保障体系、全面提高水资源应急保障能力，通过这些举措严格用水全过程管理，缓解区域水资源供需矛盾。

5. 节水优先，提高水资源利用效率

深圳市强化产业准入的水耗约束，以节水管理引导城市产业结构调整，先后出台产业转型升级"1＋4"文件、《关于优化空间资源配置促进产业转型升级的意见》等综合性政策，坚定奉行绿色低碳发展理念，强化对于项目节水减排的前期管理。在《深圳市产业结构调整优化和产业导向目录》中，坚持将万元 GDP 取水量作为产业导向目录的核心指标，对耗水量大、严重污染环境的印染、皮革、电镀等企业实行关、停、并、转，大力扶持发展低耗水的高新技术企业，通过提高节水标准促进产业结构调整和优化升级。

深圳市还全面实施计划用水制度，加强用户用水管理，每年对全市 10 万多家单位用户下发年度用水计划，全市计划用水率达 100％，实现了单位用户用水的过程控制。此外，不断强化"节水三同时"制度，确保节水措施落实到位，全面推广节水技术及节水型器具，提高城市用水效率，加快实施优质饮用水入户工程建设和供水管网改造，有效降低管网漏损，科学运用水价经济杠杆调节机制、有效促进城市节约用水。2015 年，深圳市供水管网漏损率控制在 12.9％，全市节水器具普及率达到 100％。深圳创建节水型城市工作取得较好成绩，在全国 30 个节水型社会建设试点城市的评定中，深圳成为四个获得优秀成绩的城市之一。

深圳市高度重视非常规水资源开发利用，以缓解水资源短缺危机。目前，已建成光明大道低冲击开发道路示范项目，在全市乃至全国范围内推广绿色道路建设做出了表率，建成西丽、滨河、罗芳、横岗等再生水回用工程，建成侨香村、南山商业文化中心区、大运中心等雨水、中水综合利用工程。通过推进雨水利用、中水回用等工程，2015 年城市再生水利用率达 67％，较 2010 年提高 31.1％，非传统水资源利用快速增长。

6.加强水资源管理能力建设，强化水资源管理效能

管理信息化方面，深圳市开展了"数字水务"一期工程建设，提高了城市水资源综合管理的控制和管理水平，也为全国地市级水资源综合管理信息系统建设提供示范。

信息统计方面，《深圳市水资源公报》《深圳市城市供水水质公报》《深圳市水务统计手册》《深圳市节约用水统计报表》等发布全市取用水及节水信息。深圳市还开展了《深圳市水资源管理年报》《深圳市水务管理年报》的编制工作，围绕最严格水资源管理"三条红线"要求，对全市的取用水、节水、排水、水资源保护、水务管理等水资源管理方面的信息进行统计，为全市实施最严格水资源管理制度提供数据支撑。

社会监督方面，深圳市积极完善公众参与机制，通过在深圳水务门户网站公布举报电话、听证、公开征求意见等多种形式，广泛发动公众力量，听取公众意见，强化公共监督，建立公众参与的管理和监督制度，同时大力开展了普法宣传及深圳水务执法情况的宣传，建立公开征求意见、举报电话等形式的水资源管理监督平台，营造常态化舆论监督环境，形成全社会关注、支持和参与水资源保护的良好氛围，进一步提高水资源管理和决策的透明度。

深圳市在试点建设过程中开展的这些特色工作和总结出的"严格用水全过程管理缓解区域水资源供需矛盾，节水优先提高水资源利用效率效益，外引内蓄优化配置水资源，把两手发力的治理模式、强化责任和考核制度、健全法规制度体系作为加快实施最严格水资源管理制度的体制保障、重要抓手和有力支撑"等实践经验，不仅推动深圳试点不断向纵深推进，也可对国内其他同类地区起到典型带动和示范引领作用。

（三）加强节约集约用地

近年来，随着深圳城市发展从"速度深圳"向"效益深圳"、从追求单纯经济增长到经济社会全面发展的转变，深圳土地资源管理面临着新的要求和挑战。在此基础上，深圳市旗帜鲜明地提出了土地管理的"四个转变"，即彻底转变管理理念，从被动的资源保障向积极参与宏观调控转变，主动引导和促进经济社会可持续发展；彻底转变管理机制，从重审批轻管理向土地资源的全过程动态监管转变，实现规范化、标准化和精细化管

理；彻底转变资源利用模式，从外延式扩张向内涵集约发展转变，促进土地节约集约高效利用；彻底转变管理目标，实现单一的资源管理向资源和资产的复合管理转变，建立符合市场经济发展要求的国土管理新模式。

1.积极建立节约集约用地管理新模式

在全国首创划定基本生态控制线，出台《深圳市基本生态控制线管理规定》，将全市974平方公里土地列入生态保护范围。2006年，深圳市政府召开了建市以来首次全市土地管理工作会议，在这次会议上出台了《关于进一步加强土地管理推进节约集约用地的意见》，以及《关于处理宝安龙岗两区城市化土地遗留问题的若干规定》《深圳市土地储备管理办法》《深圳市集约利用的工业用地地价计算暂行办法》《深圳市工业项目建设用地审批实施办法》《深圳市工业项目建设用地控制标准》《驻深武警边防部队工程建设项目管理办法》《深圳市原村民非商品住宅建设暂行办法》等7个配套文件（下称"1+7"文件）。"1+7"文件成为深圳市调整土地资源管理思路、转变土地资源利用模式、实行最严格的土地管理、推进节约集约利用土地管理的重要决策和纲领性文件。

2.完善法规体系，依法提升节约集约用地水平

为全面提升土地资源的节约集约利用水平，深圳市先后出台了《关于进一步加强土地管理推进节约集约用地的意见》及配套的《深圳市土地储备管理办法》《深圳市工业及其他产业用地使用权出让若干规定》《深圳市闲置土地处置工作方案》《深圳市工业项目建设用地控制标准（试行）》和《深圳市集约利用的工业用地地价计算暂行办法》等一系列政策和技术文件。

此外，深圳市在土地利用规划修编和土地利用年度计划编制工作中，始终把促进节约集约用地作为重要目标。在土地利用总体规划修编时，深圳市规划国土部门专门进行了节约集约用地的专题研究，并在规划大纲中明确提出了经济特区范围内新增建设用地负增长的规划期内目标和全市范围内新增建设用地零增长的远景规划目标。此外，还建立了包括土地供应计划、土地储备计划和土地整理计划在内的全方位、全覆盖的土地利用计划管理体系。

3.运用经济手段促进节约集约用地

深圳市积极探索坚持以市场化方式配置土地资源，以经济手段促进土

地资源的节约集约利用。在土地出让方式上，自2001年3月《深圳市土地交易市场管理规定》颁布实施以来，全市新增的经营性用地连续实现100%以"招拍挂"方式出让。2005年，深圳市更进一步开始推行工业用地的"招拍挂"出让；2006年，将工业用地"招拍挂"出让纳入年度土地供应计划；2007年，又提出将非政府财政投资的文化、体育、卫生、教育、科研等用地纳入"招拍挂"出让范围，并颁布实施《深圳市工业及其他产业用地使用权出让若干规定》。通过公开竞争，充分发挥地价的杠杆作用，提升土地资源的节约集约利用水平，深圳做出了有益的探索。

4. 充分运用技术手段，切实保障节约集约用地

深圳市还十分重视技术标准和技术手段的运用，以此促进节约集约用地水平的提高。在标准和程序上，为加强工业项目建设用地管理，促进工业用地的集约利用和优化配置，深圳市专门制定了工业项目建设用地的相关标准，对工业项目用地在投资强度和开发进度等标准和程序上严格控制。同时推动建立产业筛选和综合评价机制，对淘汰类、限制类项目分别实行禁止和限制供地。

在技术手段上，深圳市积极推动土地管理科技进步，加快建立国土资源科技创新体系。通过完善"数字深圳"的地理空间基础平台建设，实施"金土工程"等工作，以信息化推动土地管理现代化，加强对全市土地利用状况的动态监测。特别是深圳市规划土地数字监察平台"天地网"，走在全国前列。"天地网"于2011年11月正式启动，它融合了3S技术、4D技术、地址编码、基础测绘、固定视频、无线通信、影像识别和物联网等先进技术，由14个子系统和1个数据库组成，是一个体现"第一时间、第一现场、第一责任"的数字化平台，具有违法判定智能化、监察过程透明化、应急反应快速化的特点。对规划土地违法行为采用全方位的监测查处手段，建立了"天上看、地上管、网上查、视频探、群众报"五位一体的立体监控技术支撑体系。

5. 建立健全节约集约用地考核制度

结合深圳实际，出台了深圳市节约集约用地评价考核管理办法，建立健全综合考虑社会效益、经济效益和生态效益的建设用地集约利用评价考核指标体系，按年度开展针对全市、各区、工业园区和企业的不同层级的

集约用地评价考核工作，将考核结果定期向社会公布，作为全市和各区利用土地的重要依据。同时，将考核结果纳入对干部政绩考核的指标体系。

6.以城市更新推动土地集约利用

借助国家和广东省赋予深圳在土地管理制度改革方面先行先试的机遇，深圳大胆改革创新，通过土地二次开发和存量挖潜，提高土地资源的利用效率。

深圳的城中村改造从 2004 年的《深圳市城中村（旧村）改造暂行规定》开始全面启动。随后，深圳接连出台多部规章制度，形成了一套相对完善成熟的城市更新政策体系。2009 年的《深圳市城市更新办法》实现了由城中村和旧工业区改造为主向全面城市更新的跨越。2012 年的《深圳市城市更新办法实施细则》，进一步明确城市更新的细化操作指引。同时，《深圳市城市更新单元规划制定计划申报指引（试行）》《深圳市城市更新单元规划编制技术规定》《城市更新单元规划审批操作规则》《深圳市城市更新项目保障性住房配建比例暂行规定》等系列配套文件，对促进和规范城市更新工作发挥了重要作用。

深圳市在城市更新过程中，一直坚持政府引导、市场运作的方式，取得了良好效果。政府引导，意在着重发挥好政府在城市更新中的引导和服务作用，简政放权，避免过多干预；市场运作，则注重发挥市场在资源配置方面的决定性作用。

除了政策的保障和市场化运作方式外，深圳城市更新另一大特点是"多措并举，因地制宜地推动改造"。深圳城市更新有"三驾马车"，分别是综合整治、功能改变和拆除重建。这三种模式适应不同的旧改需求，量身打造改革方案，效果明显。2014 年以来，深圳市以旧工业区为主要对象，出台了允许加建扩建、功能改变和土地延期等激励政策，试点开展以综合整治为主的复合式城市更新。这一模式改变了过去一味追求拆除重建模式，避免了大拆大建和对环境的污染，通过划定一些现状保留和整治维护区域，有效保护了一批历史建筑、传统世居和工业遗存。深圳市在城市更新中还遵循一个重要原则"公益优先"，促进了改革成果共享。比如，每个拆除重建类城市更新单元必须提供大于 3000 平方米，且不小于拆除范围用地面积 15% 的用地，用于建设城市基础设施和公共服务设施。此举体现了政府导向、公益优先，发挥了保障民生、扶持产业的作用。

目前，深圳市这种以城市更新来推动土地节约集约利用的机制，已被国家发改委纳入国家综合配套改革试验区改革成果，在全国推广。截至2016年5月，全市已列入城市更新计划项目共541项，用地面积约44.66平方公里；已批城市更新规划项目308项，规划批准拆迁用地面积26.25平方公里，开发建设用地面积17.83平方公里；累计供应用地面积约10.17平方公里。

7. 加大土地执法力度

深圳市先后出台了《深圳经济特区规划土地监察条例》《深圳市人民代表大会常务委员会关于农村城市化历史遗留违法建筑的处理决定》和《〈深圳市人民代表大会常务委员会关于农村城市化历史遗留违法建筑的处理决定〉试点实施办法》，强化对土地执法行为的监督和管理，不断加大土地执法力度，并强化了土地规划和计划的监督检查管理。

据深圳市规划国土委统计，截至2015年，全市违法建筑4.23亿平方米。原居民的疯狂抢建，使得土地资源变得更加紧缺。自2015年7月以来，深圳市各级各部门本着对历史、对城市负责的态度，加大组织执行力度，严查严控违法建设，实现了新增违法建筑的"零增长"和存量违法建筑的"负增长"，全市查违形势得到根本性好转。2016年，查违工作被列入了深圳市"拓展空间保障发展"十大专项行动之中，市政府要求各级各部门加快推进违法建筑整治、土地整备、储备土地清理和城市更新等工作，科学盘活、高效整合土地资源，各区政府、新区管委会签订责任书，立下"军令状"，力求全面系统彻底解决问题，并计划用5年时间实现存量违法建筑减少2亿平方米的目标。

2016年，深圳市还对规划土地监察体制进行了重大调整，根据国家、省精简行政执法层级的精神和市委、市政府"强区放权"的改革要求，强化了市级机构的政策制定、统筹协调、监督检查职责，突出基层规划土地监察机构的执法职责。市规划土地监察机构除负责组织查处跨区或市委市政府以及上级主管部门交办的重大案件外，其他原由该机构承担的规划土地监察执法事项全部下放由各区（新区）承担；原承担的房地产、地名、测绘、矿产资源执法职责交由市规划国土委各辖区管理局负责。在查违工作中，实行以区为主或以街道为主的执法模式。由区规划土地监察机构直接负责日常巡查、调查取证、案件查处以及违建拆除等职责，并可根据工作需要设立若干片区执法中队。街道不再承担规划土地监察职能，但负有发现、报告及协助制止辖区违建行为的责任，街道城管综合执法队不再加挂街道规划土地监察中队牌子。街道规划土地监察机构与城管综合执法机构综合设置，实行"一支队伍，两块牌子"的管理模式。

8. 开展土地节约集约达标创优活动，推广应用节地技术和模式

2015 年以来，深圳市开展了罗湖区国土资源节约集约模范县（市）创建活动，深入宣传、推广罗湖区节地技术和模式。深圳市罗湖区在 2016 年 6 月 27 日召开的模范县（市）表彰会上被评为第三届国土资源节约集约模范县（市）。另外，2015 年起持续开展深圳市区域建设用地节约集约利用状况评价，系统评价了全市区域、各区整体建设用地节约集约利用水平，并分析动态变化趋势。此外，还开展了国家开发区土地节约集约利用评价，对福田保税区、高新技术产业园区、出口加工区、前海湾保税港区、盐田综合保税区 5 个国家级开发区开展全面的土地集约节约评价。在评价基础上针对性提出对策建议，为后续土地节约集约利用提供决策支撑。

（四）提升城市废弃物资源化利用水平

随着社会经济的快速发展和城市人口的高度聚集，近年来深圳跟国内很多大城市一样面临着"垃圾围城"的困局。为缓解这一困境，深圳市早在 2009 年即出台《深圳市再生资源回收管理办法》，对从事再生资源回收的经营场所条件做出明确规定，对各部门监管职责也做了明确分工，为废品回收行业管理提供了有力依据。2015 年来，针对市场上还未自发形成回收处理体系，但具有资源利用属性的七大类垃圾，包括有害垃圾、大件垃圾、园林绿化垃圾、果蔬垃圾、废弃织物、年花年桔、餐厨垃圾，深圳市城管部门陆续推动新建分流回收处理体系。目前，深圳市七大资源类垃圾"大分流"体系已初步建成。根据深圳市经贸信息委统计调研数据，2016 年，全市现有再生资源回收站数量 4583 个，全市各类再生资源年回收量在 260 万吨左右，总体回收率较高，回收率在 60% 以上，废金属回收率更是高达 98%，废玻璃为 82%，废纸与废塑料橡胶分别为 31% 和 25% 左右；

此外，随着市民生活水平提高，加之深圳市工业转型升级，生产加工型企业减少，全市工业性废品占比不断下降，占比已由早些年的 70% 以上降至 60% 以下，市民普通生活性垃圾废品占比则上升至 40% 以上。

1. 推动垃圾减量分类

2015 年 8 月 1 日，《深圳市生活垃圾分类和减量管理办法》开始实施。深圳市根据处理能力实行三分类标准，即可回收物、不可回收垃圾、有害垃圾，并鼓励将厨余垃圾单独分出来。为做到源头减量，引导市民养成良好的投放垃圾习惯，深圳市大力开展源头减量、垃圾分类排放宣传培训工作，在教育系统推动学生和他们所在的家庭践行垃圾分类和减量，并对物业管理企业进行培训，由他们带动、规范小区居民践行垃圾分类和减量。2015 年 6 月，深圳市城管局印发了《关于开展 2015 年资源回收日活动的通知》，将每个星期六确定为"资源回收日"，在社区、住宅小区（城中村）统一集中回收废金属、废纸、废塑料、废玻璃、废织物等可回收物。除此之外，还创新了互联网回收模式，2015 年 10 月在全市已启动互联网 + 回收哥项目，让居民通过 APP 直接呼叫"垃圾哥"上门回收资源类垃圾。

此外，深圳市还印发了《深圳市生活垃圾分类和减量考核实施方案》，采取业务考核与专家评审相结合的方式，每年对各区实施分类和减量进行考核管理，以更好地督促并统筹各区全面落实垃圾分类和减量工作的任务与要求，考核结果按规定程序纳入政府绩效考核。根据《深圳市循环经济"十三五"规划》，"十二五"期间，深圳市生活垃圾焚烧发电装机达到 145 兆瓦，城市生活垃圾资源化率超过 50%。

2017 年 3 月底，国家发改委、住建部发布《生活垃圾分类制度实施方案》，要求全国 46 个城市先行实施生活垃圾强制分类，深圳市是其中之一。2017 年 6 月，深圳市发布《深圳家庭生活垃圾分类投放指引》，此后，深圳市城管局从"全市物业小区和城中村分类设施全覆盖、制作清晰的垃圾分类指引、推动生活垃圾分类立法强化强制力"三方面推动生活垃圾分类，从以往的鼓励为主转变为全面强制，并率先建立强制分类制度，生活垃圾分类全面进入"强制分类"时代。深圳将采用专业化分类和社会化分类相结合的"双轨"战略，运用"大分流细分类"的推进策略，全面构建"源头充分减量、前端分流分类、中段干湿分离、末端综合利用"的生活垃圾分类"深圳模式"。

2. 有害垃圾专项回收处理

居民家庭生活中产生的有害垃圾以前都纳入生活垃圾处理，但废电池、废荧光灯管等有害垃圾含多种重金属元素、产生量相对较大，且这类垃圾市民知晓率和参与度都较高，因此深圳市将其作为回收的重点。2015年6月份，市城管局、市人居环境委员会、市财政委员会联合发出关于开展废电池、废灯管的分类收集处理工作的通知，提出自2015年起在全市范围内组织开展废电池、废灯管的分类、收集、处理工作。要求各区负责设置收集容器、集中转运点，实现辖区废电池和废荧光灯管收集容器全覆盖，所有住宅小区（城中村）的一个围合区域、机关企事业单位等办公场所及各类公共场所（如图书馆、公园、宾馆、商超、U站等）的一个物业单元，至少配置废电池和废荧光灯管收集容器各1个。各区通过新建、利用现有设施或租用仓库等方式设置1到2个废电池和废荧光灯管集中转运点，收集到一定数量后联系指定企业进行收运处理，并做好统计。截至2016年3月底，深圳市已经在全市范围内的3100个单位和小区中设置了共11800个废电池专用回收箱，在全市范围内的1800个单位和小区中设置了共2500个废灯管专用回收箱。随着回收渠道的扩大和健全，回收量逐步提高。仅2016年上半年，全市共回收废电池10.5吨、废荧光灯管19.5吨。

3. 集中回收大件垃圾拆解再利用

根据深圳市城管局的不完全统计，深圳市每天产生大约500吨废家具等大件垃圾，柜子、床、沙发等大件垃圾体积大，未经拆解处理不能直接进入垃圾焚烧厂或填埋场等末端处理设施进行处理。针对大件垃圾存在的收集运输难、处理场地少、规模化程度低、资源利用水平低、二次环境污染大等问题，深圳市2014年就开始率先研究、探索大件垃圾的破拆和综合利用，并进入了实操阶段。盐田区从2014年10月开始集中收集处理辖区内的大件垃圾；福田、罗湖和龙华新区大件垃圾收运处理项目于2014年11月份正式进入试运行阶段，大件垃圾经破碎后运往垃圾焚烧厂进行焚烧处理。目前，各区均已陆续开展废家具等大件垃圾集中收运处置试点工作，委托市政清扫（清运）服务企业或废旧家具处理企业收运废旧家具，收运处理企业做好台账，包括收运处理大件垃圾的种类、数量及来源，处理后所形成产品或产生的残余物的种类、数量和流向等。这些大件垃圾经适当拆解破碎后部分资源化利用，残渣进入生活垃圾收运渠道转运和处理。例如，木材类就分三个档次，最差的送到生物质焚烧厂，好一点的送去做锯末板、大芯板，最好档次的木头送去再加工企业做木方圆木。随着这一处理系统的铺开，大件垃圾的处理问题迎刃而解。仅2016年上半年，全市共收运处理大件垃圾12000多吨，平均每天100吨。按照深圳市生活垃圾分类管理事务中心要求，2017年年底前深圳所有小区都设有至少一个大件垃圾投放点，市民可以把大件垃圾统一放置在投放点，再由小区物管拨打垃圾收运便民电话，预约专门企业免费上门回收，进行统一收运处置。

4. 废弃织物专项回收利用

废旧衣物处理方面，深圳市民政局、市场监管委等部门对所有在深圳市以"公益捐赠"名义接受市民衣物捐赠的企业或社会组织进行"民办非企业单位"注册，并对其所接收衣物的流向进行监督，防止非法流入二手市场。深圳市城管局牵头建立了废弃织物回收利用渠道，设置统一编号、注明回收用途等信息的专用废弃织物回收箱，回收居民家中不符合公益性捐赠条件的废弃织物（包括废旧衣物、废旧棉被、废旧地毯等）并进行再生利用。回收的废旧织物被运送到废旧衣物分拣处理中心综合处理，按照白色、杂色等颜色分类进行分拣，再整理，清理出其中一部分较新的符合民政部门要求的衣物，经过清洗、消毒，整理、打包好后用作公益捐赠给各大慈善机构等，救助帮困，回馈社会。其余衣物用于再生循环利用，产品包括再生纱线、劳保手套、拖布、环保袋等。

5. 推进园林绿化废弃物变肥料

园林绿化废弃物，指城市绿化美化、林业抚养过程中所产生的枯枝、落叶、草屑、花败及其他绿化修剪物等。深圳市绿化面积高，且公园越建越多，产生的园林绿化垃圾也随之增多。据深圳市城管局统计，深圳市每天产生大约500吨园林绿化垃圾。为促进源头减量和资源化利用，市城管局探索在市政公园进行绿化废弃物生态处理循环利用，将园林落叶、修剪枝叶等绿化废弃物，经适当粉碎后就地回填，回用于公园绿地养护。一堆刚修剪下来的树枝、树叶，十几分钟后就变成了碎渣，这些碎渣可做堆肥处理、直接铺撒，可以覆盖公园内的树池和花坛、花带下部裸露区域，还能保持水分、肥沃土壤，遏制杂草生长，帮助树木生长，实现"绿化垃圾"的回收利用。目前正在全面推行市政公园等处园林绿化垃圾就地就近破碎、肥料化循环利用。

6. 果蔬垃圾试点集中处理减量

农批市场、农贸市场、大型商场超市等是垃圾产生大户，每天在果蔬分批的过程中就能产生大量瓜果皮、烂菜叶等果蔬垃圾。因有机成分高、含水量大、杂质少等特点，不适宜焚烧和填埋处理，适合采用生物技术就地就近处理和综合利用。按照《深圳市生活垃圾分类和减量工作实施方案（2015—2020）》要求，鼓励有条件的单位实行生活垃圾就近就地处理，探索推行农批市场、农贸市场、大型商超等对果蔬菜皮就近就地处理和综合利用。目前，各区陆续开展选取市场或超市实施果蔬垃圾就地就近生物处理。果蔬垃圾通过预处理系统、厌氧消化系统、资源化利用系统等一系列的全封闭收运与处理，在发酵的过程中，处理产生的沼气进入了沼气锅炉内生产蒸汽，曾经的泔水变成了生物柴油，沼渣变成了有机肥料，实现变废为宝，化害为利。仅2016年上半年，深圳市分流处理果蔬垃圾2870吨。

7. 探索餐厨垃圾处理全新模式

在城市生活垃圾中，约半数是餐厨垃圾，即食物残渣、食品加工废料和废弃食用油脂。据深圳市城管局统计，全市餐厨垃圾日平均产生量约1800吨，主要为宾馆酒楼、机关学校食堂等产生的食物残余、食品加工废料。餐厨垃圾易腐、易臭、难处理，且产生量受季节影响明显。

2011年，深圳市被国家发展改革委、财政部和住建部确定为国家第一批城市餐厨废弃物资源化利用和无害化处理试点城市，并于2017年通过了三部委的联合验收。2012年8月，深圳市开始实施《深圳市餐厨垃圾管理办法》，规定居民日常生活产生的厨余垃圾应当与其他生活垃圾分开处理，并逐步纳入餐厨垃圾范围进行集中处理；餐厨垃圾产生单位应当将产生的餐厨垃圾交由特许经营企业收运处理，未经特许经营的企业和个人均不得收运、处理餐厨垃圾。2017 年，全市共有 7 家企业取得城市餐厨垃圾经营性收集、运输、处理服务资格。已建成运营罗湖、南山、盐田、龙岗等区餐厨垃圾处理设施，总处理能力 1180 吨/日。经过压榨、脱水、脱油、发酵等多道工序后，餐厨垃圾变为降解料和生物柴油原料油。

2017 年，深圳市出台《深圳市餐厨垃圾收运处理及财政补贴管理暂行办法》，建立财政补贴标准动态调整机制，鼓励有关企业积极开展餐厨垃圾收运处理工作。根据餐厨垃圾收运区域范围及终端处理设施位置，给予各区餐厨垃圾收运财政补贴：盐田区、光明新区财政补贴标准为 170元/吨，福田区、罗湖区、南山区、坪山区、大鹏新区财政补贴标准为 180元/吨，宝安区、龙岗区、龙华区财政补贴标准为 190 元/吨。餐厨垃圾处理财政补贴参照统一标准 110 元/吨执行，待处理设施稳定投产 1 年后再行评估核定处理财政补贴标准。

根据《深圳市循环经济"十三五"规划》，"十二五"期间，全市1816 家餐饮服务单位签订了餐厨废弃物收运合同，实际形成处理规模 450吨/天。

8. 推进建筑废弃物资源化利用

传统建筑垃圾的处理方式是倾倒填埋，近几年，深圳市拆除房屋产生的建筑垃圾堆积如山，呈全裸露的钢筋、大小不一的石块，过去它们最终的命运就是运送到垃圾填埋场进行深埋处理，既浪费资源又浪费土地。

为了缓解这一问题，2009 年，深圳市率先在全国出台建筑废弃物减排与利用地方性法规《深圳市建筑废弃物减排与利用条例》，推进建筑废弃物减排与利用工作。2012 年，印发《深圳市人民政府办公厅关于进一步加强建筑废弃物减排与利用工作的通知》，要求具备条件的拆除重建类城市更新项目应当在现场实施建筑废弃物综合利用。项目占地面积在 1.5 万平方米以上（含 1.5 万平方米）的拆除重建类城市更新项目，应当在拆除阶段引入建筑废弃物综合利用企业，在项目现场实施建筑废弃物综合利用。鼓励项目占地面积在 1.5 万平方米以下的拆除重建类城市更新项目在项目现场实施建筑废弃物综合利用。深圳市逐步建立起了一系列推进建筑废弃物资源化利用的政策，如建筑垃圾综合利用企业享受税收减免、信贷、供电价格等方面的优惠，实行建筑废弃物排放收费制度，实行建筑废弃物再生产产品标识制度，要求所有政府投资工程均应全面使用绿色再生建材产品等。

近年来，深圳市探索实施房屋建筑拆除与综合利用一体化管理模式。对于无法提供建设固定式建筑废弃物生产线的场地，深圳市多个项目采用了移动式建筑废弃物生产线，对建筑固体废弃物展开现场处理与综合利用，由拆除而产生的建筑材料经过破碎与筛分，并对建筑垃圾再生骨料进行精细化、深层次加工再利用，生产出符合国家标准的各类再生建材，包括再生广场砖、再生透水砖、再生水工砖、再生骨料等，可直接用于道路垫层回填及其他大型工程项目，基本上可以实现百分之百的循环利用。与固定式的破碎筛分设备相比，移动破碎筛分设备的架设效率较高，可以直接在原料旁边进行作业，避免材料的二次转运，且在原料运输方面可以节约大量成本。

在拆建物料综合利用方面，2017 年，深圳市已有绿发鹏程、汇利德邦、永安环保等拆建物料综合利用企业共 8 家，年处理能力达 665 万吨/年。在工程弃土综合利用方面，深圳市现有两座泥砂分离生产线，年处理能力共约 150 万吨，同时在龙岗新坑受纳场和坪地综合利用实验室内建有 2 条中试生产线，正在研制陶板、加气混凝土保温砌块等各类工程弃土再生建材产品。2016 年，处理建筑废弃物超过 470 万吨，在国内处于领先水平。

四　力推绿色低碳发展

（一）积极探索绿色低碳转型路径

近年来，深圳市始终坚持质量引领、创新驱动、绿色低碳的发展路径，努力以更少的资源能源消耗和更低的环境代价实现更高质量、更可持续的发展。持续探索的绿色低碳转型路径对于国内其他地区有重要参考借鉴意义。

1. 规划引领、立法先行

深圳市把绿色低碳的理念融入到城市发展的各个领域和全过程。2010年与国家住建部签订《关于共建国家低碳生态示范市合作框架协议》，成为全国首个低碳生态示范城市，后率先出台实施《深圳市低碳发展中长期规划（2011—2020 年）》，制定了低碳城市发展的指标体系，明确提出到

2020 年万元 GDP 二氧化碳的排放，在过去 5 年已经下降 22% 的基础上再下降 10% 以上，清洁能源占能源消费的比重达到 60% 以上，建成国家低碳发展先进城市的目标。并明确了深圳低碳发展的 8 项重点任务包括：调整产业结构，构建以低碳排放为特征的产业体系；优化能源结构，建设低碳清洁能源保障体系；加大节能降耗力度，提高能源利用效率；推进科技创新，提升低碳发展核心竞争力；创新体制机制，营造低碳发展环境；挖掘碳汇潜力，增强碳汇能力；倡导绿色消费，践行低碳生活；优化空间布局，促进低碳城市建设。

深圳市坚持立法先行，出台《深圳经济特区加快经济发展方式转变促进条例》《深圳经济特区循环经济促进条例》，以及建设项目、环境保护、碳排放管理、环境噪声、污染防治、机动车排气污染防治等十多部法规，形成了一整套促进绿色发展的法规体系。坚持紧凑型的城市规划，组团式的布局和低冲击的开发，在国内首次创造性地提出"基本生态控制线"概念，将市域面积的近 50% 划入基本生态控制线加以严格保护，构筑起安全的低碳城市体系，为城市创造良好的呼吸空间。

2. 创新驱动、提升经济绿色含量

深圳市是国家创新型城市和自主创新示范区，坚持把创新作为城市发展的主导战略，全方位支持源头创新、融合创新和开放式创新，持续推进产业转型升级，构建低消耗、低排放的现代产业体系。目前，深圳已成为本土企业为主体的城市，商事主体已超过 100 万家，实有企业近 90 万家。每平方公里中小企业数量达 400 多家，密度为全国之冠。在这些企业中，被认定为高新技术企业已超过 3 万家，销售额超千亿元的 3 家，超百亿元的 15 家，超十亿元超过 150 家，超亿元的超过 1200 家，形成了雁状结构。到 2015 年，被国家认定的高新技术企业达 5524 家。深圳的高新科技企业增加值占 GDP 比重超过 25%，是经济增长和创新驱动的火车头。深圳创新投入持续扩大，在随着 GDP 总量快速增长的同时，占比逐年提高。2008 年，占 GDP 比重为 3.3%，绝对量略超 200 亿元。至 2015 年，绝对量超过 700 亿元，占 GDP 比重达 4.04%，在内地大城市中仅次于北京。此外，深圳专利数量、质量领先于全国大中城市。2013 年底，深圳累计国内有效发明专利突破 6 万件，发明专利密度为 58.61 件/万人，位居全国首位。在 2014 年底,深圳有效发明专利 70870 件,每万人发明专利拥有量 66.2 件,是全国平均水平的 16 倍。PCT 国际专利申请量连续 11 年居全国首位,2013 年,深圳 PCT 国际专利申请量为 10049 件,占全国申请总量的 46.7%。2014 年深圳 PCT 国际专利申请量为 11634 件,占全国的 48.9%,2015 年深圳的 PCT 专利申请量为 13308 件,平均每天 36 件。作为国务院正式批复的首个以全市域为基本单元的国家自主创新示范区,深圳自主创新加快向引领式创新、全民创新、全面创新迈进。正是创新型经济的快速发展,使深圳的碳排放不断降低,实现了经济增长与环境改善的良性循环。

3. 市场牵引、政府推动

深圳市绿色低碳发展之路始终坚持市场牵引,政府推动。以碳交易为例,它是为促进全球温室气体减排,减少全球二氧化碳排放所采用的一种市场机制。深圳在中国率先开展碳排放权交易,没有选择照搬欧美现有模式,而是紧密结合我国经济发展和碳排放阶段性特征以及深圳实际进行顶层设计。考虑到深圳碳排放强度低、直接排放占比下降、工业部门碳排放占比下降但未达峰值、交通运输和居民生活等部门碳排放占比明显上升的结构特征,深圳提出了基于碳排放强度的温室气体控制目标,基于企业单位工业增加值分配碳排放配额的方案,充分体现了自身特点。根据企业的生产情况、历史情况来进行碳排放量的配额分配,如果企业排放低于配额指标,就可以将富余部分在碳排放交易市场中出售,而企业排放量超标,则必须花钱在交易市场中购买配额。通过这样的交易,使碳减排可以量化,实现折现"卖钱"。政府方面,深圳市利用特区立法权优势,先后出台了《深圳经济特区碳排放管理若干规定》等一系列地方法规,首先解决碳排放总量控制、减排义务设置、配额交易法定化等问题,确立了碳排放权交易的合法性。研究制定《深圳市碳排放权交易管理办法》,对碳排放交易市场建设相关制度进行总体安排,明确了碳交易市场建设利益相关方的权利义务关系,强力推动了试点工作。目前深圳的碳交易市场已经成为中国碳交易最活跃的市场。

(二)深入推进工业节能减排

一是出台实施节能减排政策制度。深圳市编制出台《深圳市节能中长期规划》，对全市节能工作进行统筹安排；出台《深圳市节能减排综合性实施方案》《深圳市"十一五"期间污染减排工作方案》（深府〔2008〕97 号），将节能减排指标纳入市区经济发展综合评价考核体系，并作为领导干部综合考核评价的重要内容；深入落实污染减排政策，加大环保执法力度，继续贯彻实施吊销排污许可证制度、公开忏悔和承诺制度、银行征信管理制度等监管机制，采取法律、行政、经济等手段，有力地打击了违法排污行为。

二是加大对高耗能、高污染落后产能淘汰力度。深圳市在"十二五"期间累计清理淘汰低端企业约 1.7 万家，超额完成了"十二五"期间工业增加值能耗下降目标。严格控制新开工高耗能项目，把能耗标准作为项目审批和核准的强制性门槛。

三是深入挖掘重点行业节能潜力。深圳市积极推动电力、建材等能耗强度相对较高行业的节能降耗工作，督促企业加快节能技术改造，积极调整产品结构，持续降低重点耗能行业、重点用能单位及主要高耗能产品的能耗水平。深入挖掘大型通信及电子设备制造业、电气机械及器材制造业及专用设备制造业等能耗强度相对较低工业行业的节能潜力，鼓励能耗总量较大企业应用新型节能技术和设备，逐步提高能源利用效率。

四是强化重点用能单位节能管理。深圳市将全市年综合能源消费量 5000 吨标煤以上的重点用能单位纳入重点监管范围，实行分级、动态管理。科学分解下达节能目标，完善考核机制，强化节能监察，定期开展能源利用情况监督检查；引导企业建立和完善能源统计和计量管理体系，推动用能单位能源管理中心示范建设，逐步建设在线能耗监测系统，试行能源利用状况月报制度，加强能效水平对标工作。此外，深圳市逐步扩大重点用能单位节能监管范围，对年耗能量在 3000 吨标准煤以上的用能单位实施节能情况跟踪、指导和监督，定期公布重点企业能耗状况。

五是积极推进中小企业节能。深圳市加强对中小企业节能工作的指导，制定了推动中小企业节能的工作方案，确定工作目标、重点和相关措施。建立完善了中小企业融资平台，加大对循环经济、环境保护和节能技术改造项目的信贷支持，鼓励中小企业采用合同能源管理模式开展节能技术改造。

六是深入开展节能考核和能源审计。2016 年，深圳市参加工业国家万家企业节能考核的 52 家企业累计节能量 48.4 万吨标煤。持续开展深圳市监管省万家企业节能考核，2016 年参加考核的 87 家企业全部顺利完成 2015 年度节能目标和"十二万"总节能量目标，87 家市监管省万家企业 2015 年全年实施节能量共计 2.25 万吨标煤。持续开展重点用能单位能源审计。2016 年深圳市有 237 家工商业企业完成了能源审计和节能规划工作，其中，2015 年综合能耗 5000 吨标煤及以上的企业共计 112 家均已完成能源审计和节能规划工作。

（三）全面推进绿色建筑

自 2006 年实施国内首部建筑节能地方法规《深圳经济特区建筑节能条例》以来，深圳市持续大力推进建筑领域绿色、循环、低碳发展。在政府强有力的推动下，深圳建筑节能和发展绿色建筑呈跨越式发展，现已初步实现从建筑节能到绿色建筑、从绿色建筑到绿色城市的"两个转型"。其最显著的特点在于从最初的节能为主，节材、节水、节地、环保等专项突破为起点，快速过渡到以绿色建筑示范项目为先导，以绿色建筑单体、绿色园区、绿色城市为主线，由点到线、由线到面全面推进；从最初的绿色建筑评价标识项目数量少、等级低，以某些典型建设项目为试点过渡到规模化、多样化发展，经过多年的积累，深圳市获得绿色建筑评价标识的项目数量和质量均取得了跨越式增长，绿色建筑建设走上低成本可复制道路。深圳市已成为目前国内绿色建筑建设规模、建设密度最大和获绿色建筑评价标识项目、绿色建筑创新奖数量最多的城市之一。深圳市还先后获得首批国家机关办公建筑和大型公共建筑节能监管体系建设示范城市、可再生能源建筑应用示范城市、工程建设标准综合实施试点城市、公共建筑节能改造重点城市、建筑废弃物减排与利用试点城市等五个示范试点城市称号。梳理其发展历程，有以下几点突出表现：

一是在国内率先探索建立建筑节能减排制度体系。2006 年颁布实施《深圳经济特区建筑节能条例》，是国内首部建筑节能地方法规。2010 年，深圳市发挥先行先试的作用，在国内率先强制推行保障房按绿色建筑标准建设。2013 年，深圳在城市建设领域掀起新一轮改革，于同年 7 月 19 日颁布实施《深圳市绿色建筑促进办法》，这是国内首部要求新建建筑

100% 执行绿色建筑标准的政府立法，为绿色建筑规模化发展提供了法制保障。该办法以强制性促进、引导性促进、激励性促进作为推动深圳绿色建筑发展的主要措施，标志着深圳绿色建筑全面、规模化发展步入法治化的快车道。

二是率先推进绿色建筑评价标识工作全面覆盖。2008 年以来，深圳先后组建了深圳市建设科技促进中心、全国首家城市级绿色建筑咨询委员会，加强绿色建筑咨询，大力推行绿色建筑免费评价标识。截至 2016 年底，深圳市累计共有 591 个项目通过绿色建筑评价标识，建筑面积 5320 平方米。36 个项目获得国家三星级、6 个项目获得深圳市铂金级绿色建筑评价标识（均最高等级），总建筑面积达 190 万平方米。建科大楼、华侨城体育中心、南海意库 3 个项目获全国绿色建筑创新奖一等奖。深圳市绿色建筑项目总量及规模继续居于全国各大城市前列。

三是集中开展绿色建筑和建筑节能试点示范。深圳市是承接建筑领域国家绿色低碳试点示范最多的城市之一，在国家机关办公建筑和大型公共建筑节能监管体系建设、可再生能源建筑应用、公共建筑节能改造、建筑废弃物减排与利用等建筑节能和绿色建筑各专项领域，积极开展国家城市级、区域级绿色低碳试点示范。深圳市于 2007 年被国家住建部、财政部列为全国首批国家机关办公建筑和大型公共建筑节能监管体系建设三个试点城市之一。深圳市随即开发并启用"深圳市公共建筑节能改造项目申报管理系统"，全市征集改造项目。2017 年，深圳已完成大型公建节能监管体系试点城市建设任务，实现 500 栋公共建筑实时在线能耗监测，先后组织了四批共 182 栋公共建筑进行能效公示。深圳于 2009 年成为国内首批可再生能源建筑应用示范城市，计划完成 712 万平方米太阳能热水建筑应用项目。2011 年，又被列为全国首批三个公共建筑节能改造重点城市之一，要求完成不少于 405 万平方米的公共建筑节能改造任务。目前，深圳已超额完成太阳能热水建筑应用示范城市建设任务和公共建筑节能改造任务。光明新区作为国家首个绿色建筑示范区和全国首批绿色生态城区之一的相关示范建设继续深化。南方科技大学绿色生态校区、华侨城欢乐海岸项目绿色低碳商区（景区）试点项目已建成投入使用。前海深港合作区也正努力打造具有国际水准的"高星级绿色建筑规模化示范区"，二星级绿色建筑占比达到 50%，三星级达到 30%。

四是狠抓创新驱动和标准引领。深圳市针对关键技术和重点领域，组织开展专题研究。开展新技术认证，发布新技术推广应用目录，鼓励项目应用，举办建设科技讲堂、技术专题交流会、工程案例现场观摩活动，提升企业科技创新能力。重视人才队伍建设，积极发挥专家技术支撑作用，邀请国内建设领域知名专家，成立深圳市建设科学技术委员会，为城市建设管理水平进一步提升注入创新元素。结合深圳地域特点，开展深圳特色、全生命周期控制工程建设标准规范体系建设。同时，立足深圳基本市情和发展定位，对标国际先进做法，适当提高节能、绿色建设标准。在装配式建筑、建筑废弃物综合利用、建筑节能等重点领域，率先制定并发布实施地方标准，为国家和行业标准制定提供重要参考。

五是抓住重点领域取得突破。深圳市针对建筑节能与绿色建筑发展重点领域，通过政府和市场双轮驱动，采取有力措施持续推进，在建筑门窗等关键部位节能标准提升、绿色建筑园区（城区）建设、国家机关办公建筑和公共建筑节能改造、公共建筑能耗监测平台、太阳能建筑应用、建筑废弃物综合利用等重点领域实现规模化长足发展。2016 年，深圳市装配式建筑从促进政策到项目实施，取得突破性进展。

六是培育发展绿色节能建筑相关产业。深圳市积极推动绿色建筑科技进步，通过政策扶持和科技创新，促进传统建筑产业升级转型，推动绿色产业蓬勃发展。近年来，培育发展了一批绿色建筑设计咨询、节能改造、建筑工业化、可再生能源建筑应用、建筑废弃物综合利用等创新型产业以及绿色房地产开发企业，形成了规模超千亿元的绿色建筑产业链，经济效益和社会效应辐射国内外，为铸造深圳品牌、深圳质量奠定坚实基础。

七是启动建筑碳排放权交易试点。2012 年，为配合国家碳排放权交易试点城市建设，深圳市在建筑领域率先启动开展碳排放权交易相关工作。

深圳市在建筑能源审计的基础上，结合建筑能耗监测结果，已颁布试行《深圳市办公建筑能耗限额标准》《深圳市商场建筑能耗限额标准》以及《深圳市旅游饭店建筑能耗限额标准》。能耗限额标准的制定综合考虑了建筑节能设计标准、深圳建筑运行能耗统计分析和未来增长潜力等多个因素，可根据市建筑节能目标（如"十三五"建筑能耗强度下降10%）

进行适当调整，每隔3—5年调整一次，使配额分配公开、透明。配额方法免费发放，减少交易成本。

在建筑碳排放监测、报告和核查方面，深圳市发布实施了《建筑物温室气体排放的量化和报告规范及指南（试行）》和《建筑物温室气体排放的核查规范及指南（试行）》，为建筑物温室气体的监测、报告和核查提供了依据。此外，深圳还建立起覆盖全市的大型公建能耗监测平台及建筑能耗数据中心，超过500栋大型公共建筑实施在线能耗监测。每年对18000栋居住建筑及455栋国家机关办公建筑和大型公共建筑进行能耗统计。

考虑到碳交易的现状，深圳市分三个阶段逐渐建立建筑碳交易市场。第一阶段，启动建筑碳排放权交易市场，提高建筑碳排放的社会认知度，给限额线以上建筑物预留两年的时间进行节能改造，减少超额碳排放建筑物纳入碳交易市场的阻力，完善相关制度和标准建设。第二阶段，建立完善的建筑碳排放权交易市场。在第一阶段基础上，执行惩罚机制，对超额排放量的建筑进行惩罚，建立完善的建筑碳排放权交易市场。第三阶段，建立相对成熟的建筑碳排放权交易市场，实现建筑碳排放权交易板块与工业碳排放权交易板块的衔接，形成统一的碳排放权交易市场。

（四）优化能源消费结构

深圳多年来一直不遗余力支持能源领域技术创新和新能源产业发展，坚持优质清洁能源为主的能源发展战略。大力引进利用天然气、外来电力等清洁能源，全面完成市内原有燃油发电机的"油改气"工程，关停燃油小火电机组累计达175.8万千瓦，"十一五"和"十二五"期间累计关停约288万千瓦小火电机组，超额完成了国家下达的关停任务。

在大鹏LNG项目、西电东送、西气东输二线等重大能源项目的基础上，深圳市不断提高清洁能源使用比例。落户深圳大鹏的"广东LNG项目"2006年投产后，深圳获得了每年170万吨（占项目总气量46%份额）LNG合同气量。加上以此项目为依托的现货气，深圳地区新增和原有的燃机电厂得以率先全国由高污染重油改为清洁的天然气燃料。2004年以来，深圳市累计每年减少重油使用量300万吨以上。截至2015年，核电、气电等清洁电源装机容量占全市总装机容量的85.4%，清洁电源供电量占全市用电量的比例大幅提升至 90.5%，煤电供电量比例下降至 9.5%；利用省网电力 619.4 亿千瓦时，比 2010 年增长 46%。

深圳市还全面实施电厂、锅炉及民用燃料 LNG 改造工程，"十二五"期间累计推进 1100 个高污染燃料工商业锅炉窑炉改用清洁能源。积极推广清洁能源交通工具和港口作业机械，"十二五"期间累计推广应用新能源汽车达 3.8 万辆，LNG 汽车约 3000 辆；2017 年 9 月，深圳市公交车实现全电动化。深圳成为全球新能源公交车投放最多、运行效果最好、管理最规范的示范城市。全市主要港区码头完成装卸作业机械"油改电"改造工程，蛇口集装箱码头成为全球率先在港区推广使用纯电动汽车的港口。

同时，深圳还强力推进太阳能应用。凡是具备太阳能集热条件的民用建筑，强制配置太阳能热水系统，加快推进太阳能光伏建筑一体化示范工程。"十二五"期间，深圳市累计建成太阳能光伏发电装机容量约 70 兆瓦，累计建成太阳能热水建筑应用面积超过 2100 万平方米。深圳还在有条件的城市道路和公共场所推广安装使用太阳能 LED、风能互补照明等新能源产品。截至 2015 年底，全市主要干道 70% 更换节能型路灯或采取隔盏亮灯、智能调光等措施，实现道路照明节能 30% 以上。

根据《深圳市能源发展"十三五"规划》，2010—2015 年，深圳市一次能源消费结构中，煤炭从 12.5% 下降至 6.4%；石油从 32.4% 下降至 31.7%；天然气从 10.2% 上升至 12.7%；其他能源从 45% 上升至 49.2%，清洁能源比重提高了 6.7 个百分点，能源消费结构不断优化，已形成了以电和 LNG 等清洁能源为主的能源结构。

第三节   改革创新典型实践

一   试点环境经济核算（绿色 GDP 2.0）

（一）试点工作基本情况与主要创新

绿色 GDP 最早在联合国统计署倡导的综合环境经济核算体系中提出，推行绿色 GDP 核算，就是把经济活动过程中的资源环境因素反映在国民经济核算体系中，将资源耗减成本、环境退化成本、生态破坏成本以及污染治理成本从 GDP 总值中予以扣除。其目的是弥补传统 GDP 核算未能衡量自然资源消耗和生态环境破坏的缺陷。

我国绿色 GDP 的探索研究始于 2004 年，由环保部（原国家环保总局）与国家统计局联合开展绿色 GDP 研究项目。2005 年，北京、天津、河北、辽宁等 10 个省、直辖市启动了绿色 GDP 核算研究试点和环境污染损失调查。2006 年 9 月，环保部（原国家环保总局）和国家统计局首次发布了中国第一份《中国绿色国民经济核算研究报告 2004》。然而，由于地方政府对核算研究结果的敏感和抵制，2007 年以后，官方再未发布过绿色 GDP 核算报告，但环保部关于绿色 GDP 的核算研究工作仍在继续。环保部环境规划院的绿色 GDP 核算结果表明，我国 2004 年至 2010 年环境污染损失占 GDP 的比例约为 3%。

十八大以后，中央提出要把资源消耗、环境损害、生态效益纳入到经济社会发展体系中的明确要求。2015 年 1 月 1 日实施的新环保法要求地方政府对辖区环境质量负责，建立资源环境承载能力监测预警机制，实行环保目标责任制和考核评价制度，制定经济政策应当充分考虑对环境的影响。在此背景下，2015 年环保部决定开展国家环境经济核算工作，重启绿色 GDP 核算研究，在之前的绿色 GDP 基础上继续创新，称为绿色 GDP 2.0。国家绿色 GDP 2.0 的核算体系主要包括以下几方面：一是开展环境成本核算，同时开展环境质量退化成本与生态环境改善效益核算，对 GDP 中涉及的生态环境既做减法也做加法，全面客观反映经济活动的"环境代价"；二是生态系统生产总值（GEP）核算，将生态系统提供的生态产品和服务价值计算出来；三是经济绿色转型政策研究，结合核算结果，就促进区域经济绿色转型、建立符合环境承载能力的发展模式，提出中长期政策建议。

2016 年 3 月，环保部办公厅印发《关于开展环境经济核算（绿色 GDP 2.0）研究地方试点工作的通知》（环办政法函〔2016〕479 号），在全国确定了三省（四川、安徽、云南）、三市（深圳、昆明、六安）共六个试点地区。要求通过开展环境污染损失与生态破坏成本核算研究、开展生态系统生产总值核算、开展基于环境经济核算结果的绿色转型政策研究，探索建立环境经济核算的理论和方法，核算经济社会发展的环境成本代价，定量分析和判断环境形势，为建立体现生态文明要求的经济社会发展评价体系，推动形成资源消耗低、环境污染少的绿色产业结构和绿色生产生活方式提供支撑。

深圳市环境经济核算试点工作内容主要包括：构建深圳市环境经济核算（绿色 GDP 2.0）体系的总体框架，明确基本核算内容与技术方法；开展环境污染损失与生态破坏成本核算研究，核算深圳市环境退化成本和生态破坏损失；构建深圳市生态系统生产总值核算体系，并开展 2014 年度生态系统生产总值核算；推进基于生态环境损失和生态环境效益核算相结合的绿色 GDP 2.0 核算；开展基于环境经济核算结果的绿色转型政策研究，为完善发展成果考评体系、建设美丽深圳提供有益参考。

深圳市人居环境委高度重视该项改革任务，2016 年启动了深圳市环境经济核算研究项目，委托深圳市环境科学研究院开展具体的核算研究工作，严格按照环保部的要求开展工作，按时向环保部和环境规划院报送材料并汇报试点研究进展。同时，深圳市人居环境委积极推动区级层面的绿色 GDP 试点工作，2016 年 6 月下发《关于组织开展环境经济核算（绿色 GDP 2.0）区域试点研究的函》（深人环函 681 号），积极发动所辖行政区（新区）成为深圳市域的研究试点，2016 年 8 月下发《关于开展深圳市环境经济核算（绿色 GDP 2.0）研究区域试点工作的通知》（深人环〔2016〕423 号），确定龙岗区和光明新区作为深圳市的核算研究试点地区开展试点研究工作。

（二）试点工作进展与成效

按照环保部环境经济核算（绿色 GDP 2.0）研究地方试点任务要求，深圳市通过一年多的研究，按时按质完成了 2016 年试点工作任务，已提交试点工作总结报告至环保部。

深圳市研究构建了深圳市环境经济核算（绿色 GDP 2.0）框架体系和技术方案，明确了核算范围、核算对象和核算内容。在国内外环境经济核算相关研究基础上，参照国家环境污染损失与生态破坏成本核算、环境质量改善效益核算相关技术指南与方法，结合深圳市环境特点，研究建立了由水环境污染损失、大气环境污染损失、土壤污染损失、环境污染事故造成的经济损失、大气环境改善效益等内容构成的深圳市绿色 GDP 2.0 核算体系。

初步完成了深圳市 2014 年环境污染损失与生态破坏成本核算。以 2014 年为核算基准年，重点对深圳市污染型缺水损失、水污染造成的工业用水额外治理成本、大气污染导致的人体健康损失、大气污染造成的室外建筑材料损失、土壤环境污染损失与生态破坏成本等进行了核算。核算结果表明，基于退化成本的深圳市环境污染损失约占当年 GDP 的 2.4%。初步完成了深圳市大气环境质量改善效益核算。基于 2013 年和 2014 年深圳市大气环境污染损失核算结果，完成了 2014 年大气环境质量改善效益核算。2014 年深圳市大气环境质量改善效益约为 11.14 亿元，改善效益占 2013 年大气环境污染损失的 4.15%。

同时构建了深圳市生态系统生产总值（GEP）核算体系，依据深圳市自然环境和生态系统特点，筛选了具有代表性的核算指标，确定了核算因子和核算方法，构建了符合深圳特点的 GEP 核算体系。深圳市 GEP 核算体系由生态系统产品价值、生态调节服务价值和生态文化价值构成，其中生态系统产品包括生态系统提供的可为人类直接利用的食物、木材、水资源等，生态调节服务包括土壤保持、涵养水源、净化水质、固碳释氧、净化大气、调节气候、洪水调蓄等服务功能，生态文化服务主要包括生态景观的休闲游憩功能。通过对深圳市不同类型生态系统产品与服务功能量的统计测算，核算了 2014 年深圳市生态系统生产总值。2014 年深圳市生态系统生产总值为 4042.85 亿元，是当年 GDP 的四分之一。

通过试点工作的开展，建立了一套深圳市环境经济核算体系和技术方法，对 GDP 中涉及的生态环境既做减法也做加法，全面客观反映经济活动的"环境代价"；构建了深圳市生态系统生产总值核算体系，将长期以来被忽视的生态效益体现出来。深圳试点工作验证了国家环境经济核算理论体系与技术方法，深圳构建的核算体系和技术方法丰富了国家环境经济核算理论与实践，可为国内其他地区开展环境经济核算提供参考借鉴。核算成果可为资源环境审计提供技术支撑，也为转变唯 GDP 政绩观奠定基础。

深圳市绿色 GDP 2.0 核算受到基层政府和群众的认可好评，龙岗区和光明新区主动申请开展了区级绿色 GDP 2.0 核算试点工作，作为助推区域绿色发展的重要行动。GEP 核算已在部分区域如盐田区、大鹏新区建立了常态化工作机制，逐年核算。其中，盐田区在 GEP 核算与应用方面特色鲜明、成效显著。盐田区自 2013 年起逐年开展 GEP 核算，建立了 GEP 核算管理平台，实现了 GEP 核算的电子化、数字化，为 GEP 管理应用提供了技术支撑。已编制完成《盐田区城市 GEP 核算技术标准》（征求意见稿），计划 2018 年底前正式出台。盐田区已建立并实施了 GDP、GEP 双核算、双运行、双提升工作机制，GEP 核算指标和结果已纳入到盐田区生态文明建设考核和政绩考核中。盐田区通过推动 GEP 进规划、进项目、进决策、进考核，使 GEP 从政府决策、规划、项目等各个环节对经济发展的方式和质量起到更有效的约束作用，切实提升了绿色发展水平。

二　碳排放交易试点

（一）试点工作基本情况与主要创新

2011 年 10 月 29 日《国家发展改革委办公厅关于开展碳排放权交易试点工作的通知》批准同意深圳市与其他六个省市开展碳排放权交易试点。为了保证深圳碳交易市场的顺利开展，深圳市充分利用特区立法权优势，于 2012 年 10 月 30 日深圳市第五届人民代表大会常务委员会第十八次会议通过了《深圳经济特区碳排放管理若干规定》（下文简称《若干规定》），为深圳碳交易市场的推进打下了坚实的法律基础；该部法律是国内首部确立碳交易制度的法律，被全球立法者联盟评为当年全球气候变化立法九大亮点之一。2013 年 6 月 18 日，深圳领先国内其他试点省市率先启动碳市场。2014 年 3 月 19 日，深圳市政府五届一百零五次常务会议审议通过了《深圳市碳排放权交易管理暂行办法》（下文简称《管理办法》），对《若干规定》进行了细化，其篇幅之长和规定之细居各试点碳交易管理办法之首。该办法确定了碳排放权交易及其管理的具体细则，并建立了由深圳市发改委、市统计局、市市场监管委等有关部门组成的深圳碳交易体系管理架构。

基于深圳的产业结构特点，深圳市碳交易体系采用碳总量和碳强度双重控制模式。一方面根据经济发展情况为纳入碳交易体系的管控单位设置碳排放总量；另一方面根据管控单位及其行业的历史碳排放强度为每个行业和管控单位设定碳排放强度目标，并根据实际生产情况对每个管控单位的配额进行调整。同时规定，配额调整中的新增配额不超过扣减配额，保证了碳排放总量不会因为配额调整被突破。这种双重控制模式既符合了碳交易"总量控制"的要求，又适应了深圳当前管控单位不断发展成长的需要。

为稳定碳市场价格水平，激励管控单位深度减排，深圳市大胆创新，建立了相对完善的市场调节机制，主要包括配额固定价格出售机制和配额回购机制。这两种机制一方面强调以温和的市场方式调控市场，避免了对碳市场的强冲击，另一方面对这两种机制设定了相应的调控限制，例如调控的力度、频率、对象等，预防政府无限制干预市场，防止政府过度干预导致市场失灵。

借鉴国际碳市场的发展经验，深圳碳市场早在设计过程中就为碳市场创新创造了条件。《若干规定》鼓励机构和个人参与碳交易，《管理办法》规定配额可以进行转让、质押以及以其他合法方式取得收益等规定更是为碳市场创新奠定了法律基础。目前，深圳碳市场已经基于现货开发了包括碳质押、碳债券、碳基金、碳配额托管等碳金融产品和服务，帮助企业利用碳资产进行融资，同时为投资者提供多样化的投资渠道，充分发挥碳资产作为金融资产的功能和价值。

从 2014 年下半年开始，深圳积极实施"走出去"战略，向基础较好和重视低碳发展的国内其他城市推介深圳市碳交易模式及机制设计，现已与包头市、淮安市、金昌市、酒泉市签订战略合作备忘录，与四市结成紧密的区域碳市场战略伙伴。同时，在国家发改委的支持下，深圳市于国际低碳城建立了"全国碳交易和应对气候变化能力建设培训基地"，以"深圳中心"为平台，为河南、云南、陕西等 13 个非试点省市进行碳交易能力建设培训，累计培训人数超过 3000 人次，为努力打造全国第一个跨区域的碳交易市场，建设全国碳交易市场积极探索、先行先试，同时持续扩大碳交易覆盖面。

在宣传培训方面，为确保履约工作的顺利完成，深圳市开展了各种形式和途径广泛的碳交易宣传和培训工作，包括举办《深圳市碳排放权交易管理暂行办法》培训答疑会、以公文和邮件发送履约信息、在本地主要纸质媒体刊登公告进行履约提醒、发动各区各相关部门督促其管辖企业履约等，努力为碳交易履约营造良好的社会氛围。

（二）取得的成效

深圳市首批纳入 636 家管控单位，包括以电厂为代表的 15 家单一产品企业和 621 家制造企业。截至 2016 年 6 月 30 日，已完成了 2013 年、2014 年、2015 年三个年度的管控单位履约工作。碳交易体系运行三年以来，深圳市碳排放交易体系的结构性减排成效显著，管控单位履约率、碳市场活跃度稳步上升。

1. 管控单位履约率逐年上升

2013—2015 年履约期中，管控单位履约率逐年上升，其中 2014 年度企业履约率为 99.7%，2015 年度企业履约率达到 99.8%，2015 年管控企业合计递交 2613.5 万吨配额，履约配额率达到 99.98%。

在七个碳交易试点省市中，深圳碳市场的配额规模最小，但却是交易最活跃、流动性最大的碳市场。深圳市 2013 年、2014 年、2015 年三个年度以占全国碳试点市场 2.5% 的配额规模，实现了全国碳试点市场 19.14% 的交易量和 27.62% 的交易额。截至 2016 年 9 月 30 日，深圳碳市场配额总成交量 1612 万吨，总成交额 5.52 亿元，市场平均价格基本保持在 34.21 元/吨，位居全国前列；截至 2016 年 9 月 30 日，正式上市交易的 CCER 总成交量近 580 万吨。

2. 碳排放总量和强度逐年下降

2013—2015 年深圳市 636 家碳交易体系管控单位碳排放总量依次为 2893 万吨、2799 万吨、2614 万吨，碳排放总量逐年下降，2014 年下降 3.2%，2015 年下降 6.6%。与此同时，2013—2015 年，621 家制造业企业工业增加值逐年增长，依次为 3521 亿元、3792 亿元、4196 亿元，2014 年增长 7.7%，2015 年增长 10.7%。

经过三年碳交易机制的实践，与 2010 年相比，深圳市碳交易管控企业碳排放绝对量下降 581 万吨，下降幅度为 18.2%。与此同时，621 家制造业企业工业增加值增长了 1484 亿元，增幅达 54.7%，碳排放强度较"十一五"末下降 41.8%。已超额完成了深圳市"十二五"期间碳排放强度下降 21% 的目标。碳排放交易体系管控企业在保持经济稳步增长的同时，碳排放强度呈现快速下降，一定程度上促进了深圳市 GDP 与温室气体排放脱钩的绿色低碳发展。

3. 推进高能耗企业低碳转型

通过碳交易制度的推行，促进了深圳市企业碳减排意识的提高，进而推进了高能耗企业低碳转型。在碳交易市场启动之前，深圳部分制造业企业仍沿用着传统的高耗能设备进行产品制造。这些设备虽可能有较高的产出量，但能耗极高，由此带来的附加成本也相对高昂。自深圳碳交易市场启动以来，企业逐渐意识到了对环境保护的重要性，企业会在制程中或设备使用时更多地关注到对环境的影响。随着企业碳减排意识的提高，更多的企业会选择以不同方式、从不同层面对高耗能设备、企业厂区用电等进行升级，淘汰了一批老旧高耗能设备或零件，从而使企业向低能耗转型。

三　探索建立生态补偿制度

生态补偿机制是以保护生态环境、促进人与自然和谐为目的，根据生态系统服务价值、生态保护成本、发展机会成本，综合运用行政和市场手段，调整生态环境保护和建设相关各方之间利益关系的环境经济政策。建立生态补偿机制是贯彻落实科学发展观的重要举措，有利于推动生态环境保护工作实现从以行政手段为主向综合运用法律、经济、技术和行政手段的转变，有利于推进资源的可持续利用，加快环境友好型社会建设，实现不同地区、不同利益群体的和谐发展。建立生态补偿机制是落实新时期生态保护工作任务的迫切要求，党中央、国务院对建立生态补偿机制提出了明确要求，并将其作为加强生态环境保护的重要内容。为探索建立生态补偿机制，深圳市稳步推进生态补偿试点，先后在大鹏半岛、深圳水库核心区等一些地区积极开展工作，研究制定了一些生态补偿政策，取得了一定成效。

（一）大鹏半岛生态补偿

2005 年，深圳率先在全国建立城市基本生态控制线管理制度，把约974 平方公里、占全市 49.9% 的土地面积纳入基本生态控制区。大鹏半岛陆域面积 302 平方公里，有 222 平方公里的土地被纳入生态控制线范围，生态控制面积将近全市的 1/4。深圳一直对大鹏半岛实施严格生态保护政策，严格限制这一区域的开发建设。为了让原村民享受到改革开放后深圳高速发展的成果，深圳市于 2007 年出台了《关于大鹏半岛保护与开发综合补偿办法》，明确通过转移支付的方式，以对大鹏半岛原村民发放生态保护专项基本生活补助的方法对大鹏半岛严格保护、限制开发，保障全市的生态供给予以补偿。第一轮生态补助从 2007 年 1 月 1 日起至 2010 年 12 月 31 日止，每人每月发放 500 元基本生活补助费，累计补助了 16652 人，发放生态补助金约 4 亿元。2011 年，深圳市政府五届四十五次常务会议做出了继续执行第二轮生态保护专项补助政策的决定并适当提高标准。第二轮生态补助政策从 2011 年 1 月 1 日起至 2013 年 12 月 31 日止，按照每人每月 1000 元的标准给予大鹏半岛原村民生态保护专项补助。为了保证生态补偿实施效果，大鹏新区管委会于 2012 年 12 月 7 日印发实施了《大鹏半岛生态保护专项补助考核和实施细则（试行）》，对享受生态补助人员需履行的生态保护责任和义务进行了明确规定并进行监督考核。第二轮生态补偿累计发放生态补助金 5.75 亿元，直接受惠原村民约 1.7 万人。2015 年 1 月，为促进当地原村民继续积极保护生态环境，深圳市政府决定自 2014 年起延续大鹏半岛按原有生态保护专项补助政策，继续向原村民以每人每月 1000 元标准发放生态保护专项补助。通过近 10 年生态补偿政策实施，累计发放补助资金 13.5 亿元，直接受惠原村民 16652 人。

作为我国最早一批探索开展生态补偿的区域之一，大鹏半岛的生态补偿取得了一定实效。一方面促进了生态环境质量的持续提升。目前，大鹏新区森林覆盖率达 76%，是全市森林平均覆盖率的 1.83 倍，空气质量和近海水质均优于深圳市平均水平，是全市环境质量最好的区域。另一方面充分调动了辖区原村民生态保护责任感和积极性。大鹏半岛原村民在享受政策所带来的实惠的同时，积极履行保护大鹏半岛生态环境的责任和义务，原村民通过自发组织，多次主动参与突发山火救援；通过巡查举报，协助政府及时消除了许多生态安全隐患的死角和盲区，成为了政府处置突发事件、强化生态巡查管理的"机动队"和重要辅助力量。此外，大鹏新区将扼制违建行为与生态补助发放挂钩，有效惩罚了有抢建行为的原村民。

针对现行生态补偿政策只针对原村民个人，尚未考虑到社区集体在生态环境保护工作中所发挥作用的问题，大鹏新区管委会正在探索完善生态补偿政策，对补偿对象、补偿方式、补偿标准进行深入研究，计划将社区集体纳入生态补偿范围，更好地发挥它们的主体作用，并针对不同类型的自然资源，设计不同的管护工作考核内容，采用量化评分的方式，以实现更加精细化的定量考核。

（二）深圳水库核心区（罗湖区）生态补偿

深圳水库是深圳市的一级饮用水水源保护区，也是深港两地最重要的饮用水库，供水占香港总用量的70%，占深圳用水量的40%，水库建成迄今已向香港地区供水120多亿立方。水源的供给直接影响到深港两地居民的正常生活和经济发展，是政治水、经济水、生命水。出于水源保护的需要，大望、梧桐山两个社区一直执行限制开发和维持现状的政策，经济发展停滞不前，村级收入远低于全市其他社区股份合作公司，片区原村民用牺牲经济利益换取深港2000万人的水源安全保障，对深港两地经济社会稳定做出了很大奉献。

为弥补村民发展权受到的损失，2014年罗湖区出台《深圳水库核心区（大望、梧桐山社区）生态保护补偿办法（试行）》（罗府办〔2014〕26号），以建立和完善深圳水库核心区（大望、梧桐山社区）生态环境保护长效机制，把生态保护专项补助政策与生态环境保护、总体规划实施、资源有序开发、现行政策落实有机结合起来。生态保护专项补助适用对象主要为罗湖区大望、梧桐山的原村民，包含以下类型：截至2013年12月31日登记在册的大望、梧桐山股份合作公司股民；符合条件的股民的配偶和子（含媳妇）女；截至2013年12月31日登记在册，1992年6月30日城市化前农转非，世代居住大望、梧桐山社区的原籍村民。生态保护专项补助发放标准为每人每年人民币7200元。补助时间从2014年1月1日起至2016年12月31日止。

该轮补助到期后，为鼓励上述两个片区原村民继续做好生态保护工作，推动大望、梧桐山片区可持续发展，罗湖区政府在广泛征集相关部门及社会公众意见的基础上对原补偿办法进行修改完善，于2017年5月26日印发了《深圳水库核心区（大望、梧桐山社区）生态保护补偿办法（试行）》（罗府办规〔2017〕5号），进一步明确符合补偿条件的原村民身份认定，并适当扩大了补偿范围。新一轮生态保护专项补助适用对象主要为罗湖区大望、梧桐山的原村民，包含以下类型：截至 2016 年 12 月 31 日登记在册的大望、梧桐山股份合作公司股民；符合条件的股民的配偶和子（含媳妇）女；截至 2016 年 12 月 31 日登记在册，1992 年 6 月 30 日城市化前农转非，世代居住大望、梧桐山社区的原籍村民。生态保护专项补助发放标准仍为每人每月人民币 600 元。生态保护专项补助时间暂定 3 年，即从 2017 年 1 月 1 日起至 2019 年 12 月 31 日止。

除了这些生态补偿试点外，深圳市还在探索更大范围的全市生态转移支付。初步研究拟根据全市十个区的生态资源状况和生态保护绩效等确定各区的生态转移支付额，继续推进城市尺度的生态补偿工作。

四　健全自然资源资产产权和用途管制制度

十八大和十八届三中全会明确提出要健全自然资源资产产权和用途管制制度，为了贯彻落实国家要求，深圳市于 2014 年初出台了《中共深圳市委贯彻落实〈中共中央关于全面深化改革若干重大问题的决定〉的实施意见》，在其中明确了健全深圳市自然资源资产产权和用途管制制度的具体任务。包括：进一步完善基本生态控制线划定与调整的法规体系，建立基本生态控制线分区管制制度，明确管理主体的责任与义务。科学划定生态敏感地区的生态核心区、缓冲区，完善陆域、海洋生态系统的保护修复机制。开展基本生态控制线内生态环境、土地建筑、社会经济等信息调查，建立基础信息数据库。健全自然资源资产产权管理体制和自然资源监管体制，对河流、森林、山岭、滩涂、湿地等生态空间进行统一确权登记，明确生态控制线内自然资源的产权与监管归属。完善自然资源资产监管体系，落实自然资源监管责任。目前，深圳市主要开展了以下工作：

一是在"加强不动产权籍管理、促进权籍信息和地理空间信息高度融合"改革思路下，推动实现不动产籍信息的统一调查、统一测绘、统一确权、统一登记和统一服务的"五统一"工作模式。2015 年 9 月 22 日，深圳市不动产籍管理和测绘局、深圳市不动产登记中心正式挂牌成立，深圳市第一本《不动产权证书》正式颁发，截至 2016 年 11 月 30 日，深圳市已累计颁发不动产权证书 336488 本。截至 2016 年 10 月 11 日，已累计颁发不动产权证书 299933 本。深圳做法获得国土资源部、广东省领导的充分肯定，认为深圳经验对全国具有示范和引领作用。

二是全面推进地籍调查和土地总登记准备工作。出台《深圳市地籍调查规程（试行）》（深规土〔2015〕643号）等技术规程填补了深圳地籍调查方面的技术空白，初步建立土地权属文件库和地籍调查数据库。制定《深圳市规划国土委地籍调查和土地总登记试点实施方案》，并修改完善《关于地籍调查若干问题的意见》，《深圳市地籍调查和土地总登记经费预算方案》已经市政府常务会议审议。2016年3月及9月，地籍调查和土地总登记工作先后多次被《深圳特区报》《深圳商报》《南方日报》《南方都市报》、深圳卫视、深圳都市频道等多家媒体专题报道。《深圳市地籍调查工程监理细则（试行）》及《深圳市地籍调查成果检查验收办法（试行）》已通过专家评审。

三是对建设用地分步分类确权登记。深圳市30多年的快速发展带来了经济繁荣，也日益面临土地、自然资源紧约束。摸清用地状况及资源状况对可持续发展意义非凡，针对这一状况，深圳市制定并印发了《深圳市地籍调查和土地总登记工作方案》，已开展地籍调查309平方公里。

四是逐步推进自然生态空间统一确权登记，构建归属清晰、权责明确、监管有效的自然资源资产产权制度。开展了深圳市不动产统一登记制度体系下的林权登记制度建设和实施研究，会同林业部门联合印发了《关于印发国有林场林权确权发证工作的通知》，深圳市国有林场不动产登记发证工作已正式启动。

五是建立基本生态控制线分区管制制度。深圳是我国第一个划定基本生态控制线的城市，在10多年的不断探索实践中，逐步建立了以基本生态控制线为核心的生态保护制度框架。针对当前存量发展的时代特征，深圳市围绕核心生态空间进行精细化管控。深入研究了生态控制线内核心生态资源的规划管制政策，于2016年发布了《深圳市人民政府关于进一步规范基本生态控制线管理的实施意见》，明确了建立基本生态控制线信息调查和分级分类管理制度、严控生态线内建设活动以及严厉查处线内违法建设行为的要求。

第三章　融入政治建设改革创新

　　生态文明建设融入政治建设，就是要将生态文明建设作为各级党委政府的政治责任，完善综合决策机制，实施大部制改革，深化生态文明建设管理职能，建设绿色指挥棒，优化完善干部考核机制，建立完善体现生态文明建设要求的政绩考核和责任追究制度；落实"后果严惩"，创新完善特区环保立法体系，在环境立法实践中勇于探索，大胆创新，在国家相关法律法规尚未制定的情况下，借鉴香港及国外优秀法律文化先行先试。

第一节　生态文明建设与政治建设的关系

　　生态文明建设融入政治建设，就是充分顺应时代要求和社会发展规律，以公平、持续、协调为基本原则，把生态环境问题提高到政治问题高度，把生态环境问题纳入政府的行政决策、公民的参与监督、社会的政治发展以及国际政治行为等过程中，使政治行为与生态环境保护有机结合和统一起来，形成有利于生态文明建设的价值理念、指导思想、基本制度、体制机制、法律政策、方法标准等不同层次、不同领域的要素，从而以一种新的政治发展模式，推动经济、社会、环境全面协调可持续发展，最终战胜生态危机，进入生态文明时代。

　　近年来，国际社会出现了生态文明与政治文明互相融合，甚至一体化发展的总体趋势。生态文明建设与政治文明建设互相影响、互相作用，具体表现为：

一　建设生态文明促进政治文明

随着生态环境问题日益受到重视，政治建设也逐渐面临日益增多的挑战。一是传统政治格局被打破，从传统政治关注的人与人之间的关系，拓展到人与自然的关系，生态民主、生态平等、生态公正等成为政治建设新内容。二是确立了政治建设新方向，生态文明代表了人类文明发展的必然趋势，政治建设必须适应后工业文明的新时代要求。三是政治建设新增生态环境保护的任务，保护和修复生态环境日益成为国际国内推进绿色发展的重要政治任务，保护生态、实现人与自然和谐相处的制度安排和政策法规成为新时代建设社会主义政治文明的应有之义。

二　建设政治文明保障生态文明

解决生态环境问题离不开各级党政领导干部的高度重视，离不开生态环保法治体系的有效保护，离不开各级政府积极有效的行政管理。政治文明对生态文明的保障主要体现在：一是提供坚强的组织保障，生态环境保护机构的设立和有效运行，有力地促进了各国生态文明建设。二是提供坚实的法治保障，法治建设是政治建设的重要内容，依法治国是现代社会的特征，通过生态环保法治发挥指引、评价、惩罚、弘扬等多种功能。三是形成广泛参与的氛围，通过最广泛有效的公众参与和监督，充分调动全社会各类资源，形成多元共治、全民参与的良好氛围。

第二节　深圳生态文明建设融入政治建设主要做法

深圳早在 2006 年就印发实施了《深圳生态市建设规划》。2007 年以一号文件印发了《中共深圳市委深圳市人民政府关于加强环境保护建设生态市的决定》，将"生态立市"上升到城市发展的战略高度。2008 年在全国率先出台了《深圳生态文明建设行动纲领（2008—2010）》等一系列文件。2010 年明确把"深圳质量"作为城市未来发展核心战略。2014 年先后印发《关于推进生态文明、建设美丽深圳的决定》和《关于推进生态

文明、建设美丽深圳的实施方案》。从 2016 年起，根据环保部和广东省有
关生态文明建设的最新要求，启动了生态文明建设规划的修编和报批工
作，同时颁布实施了深圳市人居环境保护与建设"十二五""十三五"规
划，将人居环境理念落实到全市总体规划、国民经济和社会发展规划等规
划体系中，统筹谋划各个五年期间的人居环境工作。具体做法如下。

一　推进生态文明建设管理体制改革创新

2009 年，深圳市委市政府主动承担特区使命和担当，推进国家综合
配套改革试验区建设，在全市层面推进大部制改革。深圳市人居环境委
员会在原深圳市环境保护局的基础上应运而生，成为负责全市人居环境
工作的政府组成部门，负责统筹环境治理、水污染防治、生态保护、建
筑节能、污染减排和环境监管等工作，主要承担政策、规划、标准制定
职能，并负责监督其他部门环境保护相关职能的执行情况；水务局、住
建局、气象局等归口联系的局级单位主要承担职责范围内的执行和监管
职能。

（一）基本模式

深圳市人居委与市水务局、住建局、气象局联合召开了全市人居环境
系统归口联系工作会议，要求人居环境系统各委、局坚持"大部制、大环
境、大服务"的模式，进一步细化归口联系工作机制、统筹协调机制、法
制政策标准保障机制、科技保障机制等人居环境工作机制，谋划长远发
展，开拓人居环境工作新局面。

"大部制"：建成一个完整的人居环境工作系统，在体制上是 1 + 3 的
大部门体制，在运行机制上实行决策、执行和监督相互制约又相互协调的
机制，通过多部门、跨领域综合协调，有效发挥"促进经济发展与人口、
资源、环境相协调"和"开展生态文明建设"的基本功能。

"大环境"：拓宽传统环境保护工作外延，从人的生存发展的生产环
境、生活环境与生态环境三个方面进行统筹，覆盖住所、社区、城市、区
域四个层面，将生态建设、环境保护、住房发展、绿色建筑、宜居城市纳
入工作重点，突出"以人为本"价值观念，着力改善民生。

"大服务"：切实转变政府职能，突出加强公共关系和公共服务职能，

着力解决群众最关心、最直接、最现实的人居环境问题，不断提升环境公共服务水平，打造服务型政府。

（二）运行机制

深圳市人居委较原环保局工作职责有了较大的拓展，综合地位得到较大的提高，工作协调力度得到加强，可以在更高层次、更大领域贯彻环保理念，推动环保工作。

1. 强化人居环境统筹管理

深圳市人居委利用统筹协调的职责和规划、政策、标准的导向作用，积极开展人居环境规划政策和法规体系的顶层设计，推动出台了《深圳市人居环境工作纲要》；开展《深圳市人居环境保护与建设"十二五"规划》的编制，从更高层面、更宽领域改善人居环境，推进生态文明建设；组织开展宜居城市创建，牵头组织珠三角绿道网建设规划实施工作，大力推动住宅产业化政策和标准建设，打开了人居建设良好局面；积极建立环保倒逼机制，进一步发挥政策、规划、项目环评的约束作用，推动和服务经济发展方式转变；统筹规划水环境综合治理，积极推进"五河、两岸、多库"优美生态格局建设；加强生态功能区保护，开展生态廊道、节点的重点建设工程，着力构建"四带六廊"生态安全网络格局。2011年世界大学生运动会期间，市人居委专职统筹大运环境保障各项工作，组织各区和城管、水务、海洋、气象等有关部门协同实施大运生态环境保障"1+10"专项行动计划，强化了深港、深莞惠大运环保区域合作。大运期间，全市空气环境质量、近岸海域水环境质量等达到大运会比赛要求。

2. 加强归口联系部门协调协作

深圳市人居委与市水务局加强了水环境污染治理方面协调与合作，以治污保洁工程为平台，开展深圳市水环境综合整治"十二五"规划编制，共同推进跨市河流污染综合整治、污水处理设施建设、污水收集管网配套建设以及饮用水源保护等方面工作。污水管网、污水处理厂建设进度加快，水环境质量得到持续改善。市人居委与市住房与建设局形成了良好协调机制，共同开展政策研究，积极推行住宅产业工业化，协调落实建筑节能和建筑工业化具体政策，为深圳以保障性住房建设为突破口，推进建筑

"绿色化"打下了基础。市人居委与市气象局加强了在空气环境预测预警方面的协调与合作，在不断完善空气环境监测能力的同时，共同制定了《深圳市环境空气质量异常预警工作方案》，形成了联合应对突发空气质量异常事件的机制，更好地保障市民的知情权和身体健康，为大气环境污染治理提供可靠依据。

二　创新生态文明建设目标责任与考核制度

（一）完善生态文明绩效评价考核制度

深圳市委组织部牵头从 2007 年起实施领导干部环保实绩考核，2013年升级为生态文明建设考核，在全国率先开展生态文明考核工作，并将考核结果纳入市管领导班子和市管干部考核内容，作为干部任免的重要依据。通过不断优化各要素环境质量考核指标，扩大考核范围，强化公众参与，成为引导、强化各级干部树立生态政绩观的绿色指挥棒，有效促进了全市环境质量提升，获得 2015 年度环境保护"绿坐标"制度创新奖，得到了新华社《生态文明"第一考"引领深圳绿色发展》的专题报道，为国家和其他地区开展生态文明绩效考核提供了扎实、丰富的地方经验。深圳市各行政区也在参考借鉴市生态文明建设考核制度基础之上，先后建立了区级生态文明建设考核机制，完善了区级干部考核评价体系。

（二）落实生态文明责任追究制度

深圳市审计局牵头积极探索领导干部自然资源资产责任审计，起草了《深圳市领导干部自然资源资产离任审计制度》，持续深化自然资源资产审计试点探索；自 2014 年起，在经济责任审计中同步开展自然资源资产审计的试点；2015 年，对大鹏新区管委会原主任开展了自然资源资产离任审计工作试点；2016 年，选取坪山新区和龙华新区，开展领导干部实行自然资源资产离任审计试点工作，并出具审计报告。

（三）探索自然资源资产审计制度

深圳市自 2014 年起研究自然资源资产核算体系、编制自然资源资产负债表，研究成果通过国家环保部、中国科学院等单位的专家论证。以此为基础，深圳市在大鹏新区试点开展了自然资源资产数据采集、领导干部自然资源资产审计制度探索。深圳市人居环境委组织研究城市资源环境承载力监测预警机制。形成《深圳市典型区域资源环境承载力监测预警机制研究报告》等多项研究成果，获 2016 年广东省环境保护科学技术二等奖。

三　完善特区生态环保法律法规体系

（一）加强环境保护立法

深圳市在环境立法实践中勇于探索，大胆创新，在所制定的特区法规中约三分之二是在国家相关法律法规尚未制定的情况下，借鉴香港及国外优秀法律文化先行先试，为国家层面的立法发挥试验田的示范探索作用。目前，共制定地方性环保法规 17 部，其中特区法规 12 部，较大市法规 5 部，涉及环境保护、专项污染防治和生态建设等方面，初步形成了比较完善的适应深圳发展需要，与国家法律和广东省法规相配套的特区环保法规体系。深圳根据地方环保工作的实际制定了限期治理制度、查封扣押制度、排污许可证制度、饮用水源分级保护制度、机动车排污分类管理制度等，确立了环境优先的法律制度体系，强化政府责任、企业义务和公民权利，强化公众参与，建立起"以污染物排放总量控制为核心，许可证管理为主线"的强力环境监督管理体系，强化环保执法，特别是创设按日计罚，空前提高环境法定处罚力度。

（二）推进资源优化利用立法

在《深圳经济特区循环经济促进条例》基础上，深圳市围绕资源节约和综合利用颁布实施了《深圳市资源综合利用条例》《深圳市节约用水条例》《深圳经济特区建筑节能条例》和《深圳市建筑废弃物减排与利用条例》等配套法规；出台了《深圳市再生资源回收利用管理办法》《深圳市餐厨垃圾管理办法》《深圳市合同能源管理项目管理暂行办法》和《关于加强雨水和再生水资源开发利用工作的意见》等一系列规范性文件。其中，2013 年 8 月国内首部促进绿色建筑全面发展的政府规章《深圳市绿色建筑促进办法》正式实施，与《深圳经济特区建筑节能条例》及《深圳市建筑废弃物减排与利用条例》《深圳市预拌混凝土和预拌砂浆管理规定》，一起构成国内城市中最为完备的绿色建筑、建筑节能相关法规政策体系，为深圳市实现建筑节能与绿色建筑的全面发展提供了强有力的法律保障；华南地区首个节水立法《深圳市节约用水条例》自 2005 年颁布实施以来，累计颁布实施节水法规规章 37 部，专项规划 8 部，充分发挥了法规规章在水务领域的导向性、基础性作用，为水资源管理提供了较为完备的制度保障。

（三）广泛宣传生态环保法律知识

深圳市广泛深入开展《环境保护法》专题培训和宣传，2015 年邀请国家专家解读新《环保法》，对深莞惠等地 240 余名执法骨干进行培训；对各区环保系统工作人员和重点企业的负责人 1500 余人次进行"法制上门培训"；利用干部教育和培训平台对市人居委干部职工进行新《环保法》考学，通过新闻发布会、《民心桥》、参与执法体验、"公民法律大讲堂"、环保公益广告、报纸专栏等多种方式，面向社会公众宣传新《环保法》以及深圳环保执法工作情况。深圳市检察院结合公益诉讼试点工作开展专项宣传，增进社会各界的了解，鼓励市民积极反映案件线索；通过及时披露数据、发布典型案例、制作宣传资料、开展知识宣传等方式，加大对检察机关办理的污染环境案件的宣传力度。深圳市公安局在不影响案件办理的情况下，对环境违法行为典型案件的办理情况，及时公开报道和多渠道宣传，对潜在的违法犯罪分子予以警示。

四　严格生态环保监管执法

（一）健全环保"两法"衔接机制

2013 年以来，深圳市率先构建并完善了环境监管执法信息交换、动态管控衔接顺畅，联合执法及时有力，移送办理常态高效，违法惩处依法从严的工作体系。2013 年"两高"司法解释出台后，深圳市于 2014 年 1 月率先联合制定了《关于做好环境污染犯罪案件联合查处和移送工作意见》，比国家办法早 3 年实施，建立了全市三级对口联络机制，将联合查处、定期联席会议和案件移送接收等工作制度化、常态化。2017 年 2 月，深圳市成立食品药品及环境污染犯罪侦查大队，即"环保警察"，并在环境监察支队设立"打击污染环境违法犯罪办公室"。深圳市公安局按照公安部"清水蓝天"专项行动部署安排，组织开展了专题打击工作，并根据各行政部门移交的线索破获各类污染环境案件，依法刑事拘留和逮捕了一批犯罪嫌疑人。深圳市检察院依法履行检察职能，持续开展"破坏环境资源犯罪专项立案监督活动"，加大破坏环境资源犯罪案件的监督力度；依托"两法衔接平台"，加强生态环境保护行政执法与刑事司法的有效衔接。市、区两级法院在办理涉及污染环境罪的案件中，所有案件被告人均做有罪判决，并依法从严判处刑罚。

2014 年以来，深圳市环保部门共向公安机关移送涉嫌环境污染犯罪案件 146 宗，公安机关刑事拘留 75 人，检察机关批准逮捕 64 人，法院已对 51 人判处有期徒刑和罚金。全市环境违法移送案件数量居全省之首；市检察院监督行政执法机关移送案件数量，监督公安机关立案数量，均在广东省排名靠前。

（二）创新环境司法模式

一是创设违法者主动公开道歉承诺激励制度。该制度对违法者在行政处罚决定做出前主动在深圳市主流媒体上公开道歉并做出环保守法承诺的，按罚款标准 50% 处罚，目前累计已有 410 多家违法企业在深圳市主流媒体公开道歉并承诺，产生了积极的社会影响。二是推动"查管分离"执法模式改革，探索深圳特色环境监管执法模式。稳步推行"办案执法"与"日常管理"相分离的环境监管执法新模式，集中执法力量，专门开展环境执法检查行动，查办环境违法案件，突出环境监察的"执法"功能。并配套有奖举报查、溯源追踪查、专项行动查、随机抽查管、信息公开管、信用联动管、统一标准惩、两法衔接惩、公开忏悔惩即"三个查""三个管""三个惩"的九项制度。三是创新开展"点菜式"随机抽查执法。通过在全市重点排污企业名单中以数字组号的方式随机"点菜"，组织党代表、人大代表、政协委员、市民代表和环保专家等直赴现场开展突击检查，公开展示了环保部门的良好形象，加强了社会公众参与力度，强化污染源监管放大执法效果。2016 年 4 月、6 月，深圳市组织开展了两次"点菜式"执法检查，并在"党建杯"创新大赛中获得"二等奖"和最佳人气奖。四是推进生态环保监管执法体制优化调整，围绕改善环境质量、严格监管所有污染物排放的目标，对内设机构和职能设置进行了调整，并按"查管分离"模式优化了市环境监察支队的机构和职能，充实一线查案办案人员，厉行铁腕治污、铁律拒污。

第三节　改革创新典型探索

一　不断完善生态文明建设目标责任与考核制度

（一）推进落实情况

深圳市 2007 年率先开展环保实绩考核，首创领导干部环保实绩考核制度，将考评结果作为干部奖惩依据；2008 年创新考核手段，在全国率先运用生态资源测算，科学评价各行政区生态资源状况，并在第二年强化结果运用，开始实施对各区、市政府工作部门分类排名，最后一名的单位由组织部门实施诫勉谈话。2010 年，深圳市进一步完善考核内容，考核指标体系不断优化，考核范围进一步扩大，将宜居城市创建、绿道网建设、节水城市建设等工作纳入到环保实绩考核。在随后的两年里，环保实绩考核的结果被纳入市管领导班子考核范畴。在系统总结环境保护工作实绩考核工作的成效与问题的基础上，结合深圳市生态文明建设的重点任务、关键问题、民生热点等地方实际，2013 年，根据《广东省环境保护责任考核办法》（粤办发〔2012〕44 号）的要求，深圳市制定了《深圳市生态文明建设考核制度（试行）》（深办发〔2013〕8 号），将环保工作实绩考核全面升级，逐年修订并发布年度深圳市生态文明建设考核实施方案。其特点主要有：

加强考核对象和内容的全覆盖。一是考核对象的进一步覆盖，涵盖了全市各行政区（含新区）、市直部门和重点企业，并分类就行考核和排名。二是考核内容的全覆盖，在全市生态文明建设和人居环境保护工作框架下，定性与定量相结合，全面考察生态文明建设工作推进情况和实施成效。目前，深圳市生态文明建设考核对象包括 10 个区，发改委、规土委、水务局等 17 个市直部门，地铁集团、水务集团等 12 个重点企业，基本涵盖了生态文明建设工作职责部门。考核对象的全覆盖，使各部门各司其职，形成了生态文明建设合力，有力促进了深圳市生态文明建设重点工作的有效落实。

注重需求导向与问题导向。紧密结合深圳市生态环境质量改善态势、民生幸福诉求和环境管理重点领域，按照供给侧改革和创新驱动发展要求，每年更新特色重点内容纳入考核方案，及时引导和督促各考核对象做好职权范围内的生态环保工作。创新指标考核方式，通过设置特色指标开展差异性考核，既考核达标情况也考核指标改善状况。注重考核结果运用，对于考核结果较差的单位，由市领导对其单位主要负责人进行约谈。

注重考核成果的运用。深圳市开展生态文明建设考核，将各区各部门各单位主要负责同志列为第一责任人，将考核结果作为评价领导干部政绩、年度考核和选拔任用的重要依据之一。生态文明建设考核作为全市"一票否决"六项考核事项之一，根据考核结果设立优秀单位奖、进步奖，同时也末位警示及诫勉。

强化公众参与。将考核制度中的年度重点项目工作情况对公众公开，公众知情权不断提升。公众满意指标在考核分数的占比不断提升，引导各考核对象提高对公众诉求的重视，主动接受公众监督与检验。考核评审团不断充实，增加了生态环保领域专家、环保义工和获得生态文明建设系列奖项单位代表和个人等，评审团成员更具有代表性，2016 年度深圳市考核方案中评审团已扩大至 50 人。2016 年度现场陈述会环节，由各单位主要负责人进行现场陈述，提供了各单位主要负责人与公众直接面对接触的机会，搭建了沟通交流与检验的平台。

（二）取得的主要成效

第一，环境质量得到有效改善。通过不断优化各要素环境质量考核指标，有效促进了全市环境质量改善。2015 年，深圳市 PM 2.5 年均浓度下降至 29.8 微克/立方米，6 项空气质量指标实现全面达标，PM 2.5 为副省级以上城市最优。主要河流水质有所改善，其中茅洲河、龙岗河、观澜河、坪山河等跨界河流水质改善明显。2015 年深圳市绿化覆盖面积达到 9.98 万公顷，建成区绿化覆盖率为 45.1%，森林覆盖率为 41.52%，公园总数达到 911 个，人均公园绿地面积为 16.91 平方米。

第二，树立生态政绩观的绿色指挥棒。生态政绩观成为各区各部门在新形势下做好生态环境建设工作的有效抓手，促进了生态环境保护工作全面提升和环境质量整体改善。近年来，各区、各部门在其辖区及职责范围内对生态环境保护工作予以支持和倾斜，生态环保投入明显加大，环境基础设施建设力度显著提升，深圳市环境质量保持良好水平并逐年改善。宝安、龙岗、罗湖、南山等区也先后建立了生态文明建设考核机制，完善了区级干部考核评价体系，促进各单位领导班子树立绿色政绩观。

第三，搭建公众参与干部评价平台。通过引入评审团制度，实现了政府与公众的互动，人大代表、政协委员、环保专家、特邀监察员、环保监督员、市民代表的加入确保了生态文明建设考核的公正、公开、透明，使之更具有开放性，形成了各界参与、社会监督的良好氛围，取得了良好的社会反响。考核指标涵盖了大气环境、水环境、生态、节水、节能、减排、宜居等方面，并逐年更新和完善，及时与民生诉求和关注重点相匹配。

二　探索编制自然资源资产负债表，试点实施生态审计

十八大后，国家多次发文要求"探索编制自然资源资产负债表，对领导干部实行自然资源资产和环境责任离任审计"。深圳市委市政府高度重视该工作，《中共深圳市委深圳市人民政府关于推进生态文明、建设美丽深圳的决定》将探索编制自然资源资产负债表作为实施要点，并列入深圳市 2014 年改革计划，此后几年该工作均被列为深圳市改革任务；自然资源资产负债表编制和责任审计的探索工作还被列为 2014 年和 2015 年深圳市生态文明建设实绩考核中对各区的重要考核内容。

（一）探索编制自然资源资产负债表

自然资源资产负债表是党的十八届三中全会提出的崭新课题，不管是国内还是国外都没有成熟的思路和方法。2014 年，深圳市组织精干力量开展自然资源资产核算体系和自然资源资产负债表编制研究，率先进行探索。2015 年深圳市在全国首推了一个较为成型的自然资源资产负债表框架体系，被专家评价为符合深圳城市生态系统实际，具有较强科学性、可操作性、系统性、创新性的自然资源资产核算体系与负债表体系。深圳市自然资源资产负债表系统包括自然资源资产实物量表（存量表）、质量表、流向表、价值表和负债表（损益表）五大类表，每类表下分不同的子系统。负债表系统编制过程充分遵循了可核查、可报告、可考核的原则，主要涵盖了林地、城市绿地、农用地、湿地、饮用水、景观水、沙滩、近岸海域、大气资源、可利用地十大类指标。

深圳市科研人员还结合国内外最新研究成果和深圳市自然资源特色，研究确定了各自然资源指标的核算因子和核算方法，创新性地构建了自然资源资产核算体系，以科学核算自然资源资产的实物价值和生态价值。在连续几年核算研究基础上，现已形成《深圳市自然资源资产负债表编制技术规范》"1＋12"系列技术标准文件。在此基础上，核算了深圳市近 5 年林地、城市绿地和农用地资产存量，研究成果经国家环保部、中国科学院、中山大学等单位的专家论证，达到国际先进水平。

区级层面，深圳市选择了以生态保护为重点的大鹏半岛为试点，充分利用深圳生态资源测算成果，连续两年开展了大鹏半岛自然资源资产的调查、登记、评估和入账等工作，现已完成大鹏半岛 2015 年度和 2016 年度自然资源资产数据采集工作，建立了大鹏半岛自然资源资产数据库，编制了大鹏半岛自然资源资产管理台账报表，构建了林地、城市绿地、湿地、景观水、饮用水、近岸海域、沙滩、大气、珍稀濒危物种和古树名木等 10 类自然资源质量价格体系，建立了自然资源资产核算替代产品价格临时发布机制，完成了 2015 和 2016 年度自然资源资产核算工作，并在此基础上编制了大鹏半岛 2015 和 2016 年度自然资源资产负债表。此外，深圳市还选择以工业发展为特点的宝安区为试点，立足宝安自然资源特点和发展阶段，在深圳市自然资源资产负债表框架体系下，构建了宝安区第一阶段自然资源资产负债表。重点开展宝安区饮用水、景观水和近岸海域的水资源资产现状调查及其负债表编制研究，完成了《茅洲河干流水资源资产负债表》《西乡河水资源资产负债表》和《新圳河水资源资产负债表》等 8 个专题研究报告。

深圳市自然资源资产核算和自然资源资产负债表编制研究成果和实践探索具有创新时效性、科学性、系统性和全面性等特点，推出后引起广泛关注和高度评价，项目成果先后被《中国环境报》《南方都市报》《晶报》等多家媒体宣传报道。

（二）试点开展领导干部自然资源资产责任审计

深圳市从 2014 年开始着手研究领导干部自然资源资产审计制度。先建立了大鹏新区领导干部自然资源资产审计制度，出台了《大鹏新区区管党政领导干部任期生态审计制度（试行）》，在此基础上，研究完成了

《深圳市领导干部自然资源资产离任审计制度研究报告》，并编制完成了《深圳市领导干部自然资源资产离任审计制度（草案）》。该《制度》在严格落实中央精神和相关法律法规要求的同时，强化制度创新、拓宽适用范围，可为深圳市下一步推进干部自然资源资产离任审计全覆盖，强化审计结果运用提供依据。目前又进一步制定《深圳市领导干部自然资源资产离任审计实施细则》，正在继续修改完善中。

深圳市在开展自然资源资产审计制度研究的同时，持续深化自然资源资产审计试点探索。早在 2014 年，深圳市审计局已经尝试把自然资源资产审计内容纳入了深圳市坪山新区、福田区、光明新区、盐田区 4 个区委书记、区长经济责任同步审计中。2015 年 5 月，在对大鹏新区管委会原主任经济责任审计的同时，试点开展了自然资源资产离任审计工作，完成了葵涌、南澳街道党政领导干部以及大鹏新区经济服务局、生态保护和城市建设局主要领导自然资源资产离任审计；2016 年按照中办、国办印发的《开展领导干部自然资源资产离任审计试点方案》的要求，继续探索领导干部自然资源资产离任审计试点，完成了深圳市龙华区、坪山区一把手自然资源资产离任审计；2017 年继续开展了光明新区、盐田区主要领导的自然资源资产离任审计工作。通过有关自然资源资产审计工作开展，不断实践积累自然资源资产审计经验，为尽快出台深圳市领导干部自然资源资产离任审计实施细则奠定了基础。领导干部自然资源资产审计可促进领导干部树立正确的、科学的政绩观，更好地履行自然资源资产管理和生态环境保护责任。

1. 改革总体进展

2014 年至 2016 年，深圳市审计局深入贯彻落实《中共中央关于全面深化改革若干重大问题的决定》《关于加快推进生态文明建设的意见》以及党的十八届三中、四中、五中全会系列要求，按照"四个全面"的战略部署，探索开展领导干部自然资源资产离任审计，稳步推进资源环境审计，不断加大资源环境审计的覆盖面和审计深度，积极探索国家审计在推进生态文明建设中的监督保障作用和实现路径。

深圳市审计局领导班子对开展领导干部自然资源资产离任审计高度重视，全盘统筹科学谋划，通过制订年度审计计划、加强课题研究、创新组织方式、引进第三方技术支持循序渐进地探索开展领导干部自然资源资产审计工作。2014 年在福田区、坪山新区、光明新区、盐田区 4 个区委书记、区长经济责任同步审计中开展了自然资源资产审计实践；2015 年 5 月，在对大鹏新区管委会原主任经济责任审计的同时，试点开展了自然资源资产离任审计工作；2016 年，开展领导干部实行自然资源资产离任审计试点工作，选取坪山新区吴德林任主任期间和龙华新区王立新任主任期间开展领导干部自然资源资产离任审计的试点工作。通过自然资源资产离任审计，有效地提高了领导干部自然资源资产管理责任意识和生态环境保护意识，促进了领导干部树立科学的政绩观和发展观。

2. 改革成效

（1）坚持理论创新，立足多部门合作出成果。

2014 年 6 月，深圳市审计局联合市委组织部、市政府发展研究中心和市人居环境委员会成立了领导干部自然资源资产责任审计课题组，构建了深圳市领导干部自然资源资产责任审计制度体系，目前已联合市有关部门修改完善了《深圳市领导干部自然资源资产离任审计制度》。

《深圳市领导干部自然资源资产责任审计制度（征求意见稿）》严格遵照中央精神和相关法律法规要求，同时强化了制度创新。一是拓宽适用范围，扩展了十八大"对领导干部实行自然资源资产离任审计"的要求，明确了审计机关依法依规审查领导干部任职期间自然资源资产管理责任，涵盖了离任审计、任中审计等情况；二是推进审计全覆盖，明确负有自然资源资产管理责任的领导人均为审计监督对象；三是分类管理突出重点，根据自然资源资产管理权限，将被审计领导干部划分为 A 类、B 类、C 类三种类型，提升审计效率；四是强化审计结果运用，强调组织部门把自然资源资产责任审计结果运用到干部管理中，对损害环境的行为进行终身追责，力促领导干部树立正确的政绩观和权利观。

（2）先行先试，在实践中不断总结提升。

2014 年，深圳市审计局在福田区、坪山新区、光明新区、盐田区 4 个区委书记、区长经济责任同步审计中开展了自然资源资产审计实践，如对坪山新区领导干部经济责任审计中，在履行自然资源资产管理职责方面，审计通过抽查基本生态控制线管理情况、耕地和基本农田保护情况，探索开展领导干部在任职期间内对自然资源资产的保护、利用以及相关管理活动的审计，重点对基本生态控制线的保护和管理、耕地和基本农田保护利用进行了审计。审计发现，基本农田台账没有及时更新、基本农田改造和转地清场资金结余较大、国有农业用地经营管理不规范等问题。针对这些问题，审计提出了及时补充更新农业用地变动信息、完善承包经营管理方式、将基本农田改造转地补偿资金的收支结余情况上报市财政部门等审计建议。

2015 年 5 月，深圳市审计局在认真总结 2014 年在福田区、盐田区、坪山、光明新区党政领导干部经济责任同步审计中探索开展自然资源资产责任审计的经验基础上，充分运用《深圳市领导干部自然资源责任审计制度研究报告》课题成果，创新了"六结合"的审计组织方式，有效地支撑了领导干部自然资源资产责任审计工作。

三　完善基本生态控制线管理制度

（一）推进落实情况

2015 年 2 月 28 日，深圳市召开市基本生态控制线第二次联席会议，审议《深圳市基本生态控制线专项调查》成果，部署完善分级分类管理制度、启动基本生态控制线条例立法调研论证、强化生态空间规划引导等工作。

2015 年 3 月，深圳市规划国土委制定《〈深圳市生态底线区规划及政策指引研究〉调研工作方案》，部署基本生态控制线底线区划定调研工作，3 月至 5 月期间，分别与市人居环境委、市水务局、深圳市城管局等单位进行座谈和调研，听取相关单位对深圳市生态线分级管理的相关意见和建议。

2015 年 4 月 23 日，市规划国土委第 59 次业务会议审议并原则通过《深圳市基本生态控制线优化调整工作指引（试行）》《关于做好基本生态控制线内新增建设活动规划选址工作的通知》，会议通报了《深圳市基本生态控制线专项调查成果》。

2015 年 9 月 25 日，深圳市召开生态线专题会议，议定开展《关于进一步规范基本生态控制线管理的实施意见》的修订工作，重点对线内建设活动管理、优化调整等进行完善。

2016 年 3 月，深圳市政府印发《关于进一步规范基本生态控制线管理的实施意见》（深府〔2016〕13 号），该政策是对 2013 年版生态控制线实施意见的修改完善，优化占用基本生态控制线的审批流程，完善基本生态控制线优化调整流程，将审批时限和公示时间进行了缩减。

2016 年 3 月、4 月和 10 月，深圳市多次就《深圳市基本生态控制线管理规定》及管制分区划定方案征求区政府和相关部门意见。

2016 年 6 月 2 日，深圳市法制办专门赴市规划国土委座谈，提出应将一级管制区范围图与《深圳市基本生态控制线管理规定》修订成果一起上报市政府审查。

2016 年 9 月 21 日，深圳市规划国土委与市法制办联合召开了专家咨询会，听取各界、各部门、各相关专业的专家对《深圳市基本生态控制线管理规定》的意见和建议，修改完善后上报市政府。

（二）改革总体进展

在健全基本生态控制线共同管理机制方面，深圳市通过《关于进一步规范基本生态控制线管理的实施意见》的修订出台，对部分职能进行重新梳理和合理调整，对生态保护修复、合理疏导等职责进一步明确，推动管理职责分工清晰化。

在完善基本生态控制线内各类信息统计调查机制、建立基础信息数据库方面，深圳市于 2015 年完成了《深圳市基本生态控制线专项调查》工作，对生态线内的生态资源和土地空间资源进行了调查，建立了基础信息数据库，启动了《2016 年度深圳市基本生态控制线更新调查及监测评估》工作，基本摸清了深圳市基本生态控制线内生态基底和土地利用情况。

在建立基本生态控制线分区管制制度方面，深圳市按照国家和省、市关于生态保护的要求，开展了《深圳市生态底线区规划及管制政策指引》研究，划定生态底线区并通过修订《深圳市基本生态控制线管理规定》进一步明确分区管制要求，目前已形成初步方案并向相关职能部门征求意见；以南山区西丽水源三村（牛成村、麻磡村、大磡村）为试点，开展了以社区转型发展推动生态保护的实施路径探索。

在制定基本生态控制线内新增建设活动管理和动态优化调整规范性文

件方面，目前已形成初步方案。

（三）改革实际成效

深圳市不断健全基本生态控制线共同管理机制，紧跟形势变化，对部分职能进行重新梳理和合理调整，推动管理职责分工清晰化；完成了基本生态控制线专项调查，对生态线内的生态资源和土地空间资源进行了调查，建立了基础信息数据库，摸清了家底，为后续精细化管理提供了有力支撑；开展了建立基本生态控制线分区管制制度的探索，落实了国家和省、市关于生态保护的要求，朝着建立健全精细化、差异化的城市生态空间分级管理制度的目标迈进，既坚持生态保护，又实事求是，有利于处理好线内保护与发展的关系。

构建基本生态控制线分级分类管理制度，有利于实现生态线的精细化管理，对生态保护和生态文明建设具有重要的意义。基本生态控制线专项调查融合现有土地调查和生态调查指标体系，创新性地构建了常态化城市土地生态调查监测指标体系，为后续精细化提供数据基础。

第四章 融入文化建设改革创新

　　将生态文明意识提升到生存意识、发展意识和民族意识的高度，加强生态文明宣传教育，普及生态文明科学知识，积极培育具有深圳特色、时代特征的生态文化，把生态文明纳入精神文明建设全过程；培育企业的环境守法意识，明确企业在生态文明建设中的主体责任。积极响应国家和省的号召，推动探索生态示范创建工作。

第一节 生态文明建设与文化建设的关系

　　生态文化作为促进生态文明建设的理念创新、制度规约、行为典范和物质文化，通过教化、规制、示范、样板等进行生态文化培育，旨在为推进生态文明建设提供理念文化、制度文化、行为文化与物质文化支撑，是生态文明的基础和灵魂，是主导人类朝着健康、有序、文明发展的方向永续发展的力量源泉。只有人人自觉自愿、积极主动地投入到生态文明建设中来，有利于生态保护的制度才能冲破层层现实利益的阻隔而得以实现，有利于生态保护的技术才能在点点滴滴创新细流的汇聚下成汪洋之势，实现重大突破。

　　生态文明建设是一场涉及思维方式、生产方式和生活方式的伟大变革，是一项基于理念支撑和公众参与的复杂而艰巨的系统工程。生态文明建设的前提是要推动理念和实践的转型升级，形成节约资源和保护环境的空间格局、产业结构、生产方式和生活方式。生态文化是坚持人、社会、自然和谐共生的一种文化，是社会主义先进文化不可缺少的部分。它既蕴含着物质的要素，也蕴含着精神的要素，还蕴含着制度的要素。用生态文化建设生态文明，不是一朝一夕的事情，不可能一蹴而就，是一项长期的战略任务。

加强生态文化建设要大力加强生态环境质量及其保护知识的宣传与教育，通过各种传统的、新兴的传播途径，鼓励和便于人们主动地掌握环境科学知识，增强社会全员对于生态环境保护的观念认可与价值追求，把生态文明意识上升为全民意识，在全社会树立生态文化观，使人与自然和谐的思想成为人们的终身理念，使生态文化成为规范人们思维方式、生活方式的重要精神力量。

第二节　深圳生态文明建设融入文化建设主要做法

一　将生态文明建设融入社会主义核心价值观

随着党的十六大、十七大、十八大以来生态文明概念的提出和不断深化，尤其是党的十九大后生态文明列入宪法，深圳市精神文明建设工作始终坚定地贯彻落实中央"四个全面"战略布局、"五大发展理念"、习近平总书记系列重要讲话精神和重要批示，大力培育和弘扬社会主义核心价值观，深入推进生态文明建设。在全社会积极倡导生态文明行为新风，推广生态伦理、生态善恶、生态责任等生态价值与生态行为观，构建生态文明价值体系。

在各级领导干部学习培训中，围绕生态文明建设开展理论宣传宣讲，完善各级党委理论中心组学习制度，整合各类学习资源，邀请生态文明建设相关领域专家教授开展以学习贯彻习近平总书记系列重要讲话为主题的各类讲座，采取集中学习和个人自学相结合、理论辅导和专题研讨相结合、调查研究和解决实际问题相结合，安排党员干部学习生态文明建设方面的决策、要求、工作部署，让生态文明建设深入人心。

在全体市民中有效推动深圳市传统文化与现代生态文明有机地结合，促进所有市民生态文明程度和人口素质的显著提高；使整体、协同、循环、自生的生态伦理和温饱、功利、道德和信仰协同的价值取向深入人心，引导市民的价值取向、生产方式和消费行为从消费型向持续发展型转变。

二　创新开展各类环境保护宣传教育活动

深圳市通过政务微博、新闻发布会、各大网站以及市内外主要媒体、新媒体等渠道，宣传生态文明建设、环境保护工作进展和成效，营造共建生态文明社会氛围。持续开展"6·5"世界环境日、绿色行动日、青少年环保节、绿韵悠扬诗歌朗诵等环保宣传活动，鼓励和引导公众参与生态建设的公益性活动。依法公开环境信息，通过市内外媒体及政务微博、新闻发布会、网站论坛，解答群众关心的热点难点问题，公开曝光严重环境违法案件，最大限度调动公众参与生态文明建设的积极性和主动性。

"深圳市民环保奖"自 2005 年首次颁发以来，已成功举办了 8 届，共有 79 位来自不同战线的热心环保事业的市民获此荣誉；"市民环保奖"强化评选典型的正面影响效应，充分展现深圳人民秉承绿色低碳理念、自觉建设宜居生态人居环境的良好风貌。自从 2005 年深圳市首届青少年环保节启动以来，深受广大小朋友和家长的欢迎，每年参加深圳青少年环保节的人数都达到数万人次。"青少年环保节"已成为深圳市环保教育名片。

从 2013 年起，深圳市借助湿地公园、植物园、红树林保护区等自然生态景观开展市民自然学校创建工作，将自然生态的观赏和游览深化为对自然生态的学习认知，为市民普及生态知识和引领市民生态保护观念方面发挥了重要作用。截至 2018 年，全市建设了 11 个环境教育基地和 7 所自然学校，环保志愿者超过 22000 人，环保志愿义工规模全国最大，环保志愿义工人数全国最多。市民对环境问题积极建言献策，维权意识强烈，公众参与度高。通过大力开展环境保护宣传活动，提升公民环境意识和环境道德水平，广泛动员社会力量参与生态文明建设。

三　推动公众向生态化的生活方式转型

有效推动深圳市传统文化与现代生态文明有机地结合，促进所有受教育者包括决策者、管理者和普通市民生态文明程度和人口素质的显著提高；使整体、协同、循环、自生的生态伦理和温饱、功利、道德、信仰和天地境界协同的价值取向深入人心，引导市民的价值取向、生活方式和消费行为从消费型向持续发展型转变；形成完善的"以人为本"的社会服务设施和基础设施，逐步实现把深圳建设成为历史文脉得到尊重、文化氛围浓厚、地方特色鲜明、景观环境优美、服务体系完善、生态系统良性循环的经济高效、环境和谐、社会文明的新型生态城市。

　　生态文化、生态社区以及居住区环境景观的建设，将使生态意识、绿色消费观念走进每个人的生活，居民的环保意识、消费品位和生态文化素质不断提高，大众对生态环境保护参与积极，在创造出一种人与环境友好、邻里亲密、和睦相处的社区氛围的同时，逐步提高整个城市的生态文化和消费品位，促进和保障城市生态系统的健康、持续发展。

第三节　改革创新典型探索

一　以"碳币"为核心的盐田区生态文明建设全民行动计划

　　盐田区作为国家生态文明先行示范区，制订实施《盐田区生态文明建设全民行动计划》，在国内第一个以家庭、学校、企业和社区为基础单元，探索建立生态文明"碳币"体系建设，着重从开发碳币系统公众平台、制定"碳币"量化与激励体系、建立生态文明基金会和践行"碳币"系统惠民机制四个方面全面推进。

　　一是首创建立生态文明碳币服务平台。于2016年9月28日正式上线，初步形成碳币获取、消费、结算的良性循环，以碳币形式激发居民游客自发绿色出行、绿色消费、绿色生活，推动形成生态文明建设"共谋、共建、共治、共享、共守"新格局。

　　二是制定"碳币"量化与激励机制。居民节能减排可量化获得奖励，社区垃圾减量分类也将纳入"碳币"体系。盐田"碳币"体系不仅包含生态文明建设，还有城市安全治理等内容。市民可以向政府部门举报不文明行为，投诉城市治理的安全隐患，为城市管理治理建言献策，如果建议被采纳也可获得"碳币"奖励。同时，盐田还制定社区、学校、家庭等主题的生态文明建设参与标准，对各主体的生态文明建设情况进行分类归集，形成具有盐田特色全民参与的生态文明建设模式。根据计划，社区垃圾减量分类也会纳入"碳币"体系中，作为社区生态文明建设的考评指标。此外，辖区各学校组织参与环保活动也会得到"碳币"奖励。学校可以以"碳币"兑换资金，用于学校建设、个人嘉奖或公益活动。

三是成立生态文明基金会。政府投入 300 万元启动资金，成立生态文明基金会。2016 年初，盐田区公布了《关于加快建设国家生态文明先行示范区的决定》和全民行动计划，提出将借鉴碳排放交易的理念，探索制定盐田区"碳币"体系及实施细则，并引入第三方机构进行社会化运营管理，对社区、家庭、学校和企业组织开展的具体生态文明建设行为进行"碳币"结算。同时，盐田区将成立生态文明基金会，由区政府先期投入 300 万元启动资金，并采用众筹的方式吸引社会参与，以保障生态文明公众平台和"碳币"体系的建立和正常运营。

四是践行"碳币"系统惠民机制。企业可通过节能减排赚钱，盐田区创新开辟"碳币"交易板块。日前，盐田区政府与深圳排放权交易所签订生态文明建设低碳合作备忘录，创新开辟碳交易盐田板块，计划动员辖区 300 家左右的中小企业（300 吨标煤/年以上），作为生态联盟商家自愿参与到盐田板块的碳排放交易。纳入碳交易板块的企业通过节能改造减少的碳排放量会在碳交易所形成对比值，企业可以按国际标准兑换"碳币"。企业获得的"碳币"一方面可兑换物质奖励，另一方面可通过碳交易盐田板块将"碳币"兑换成 CCER（核证自愿减排量），参与到碳交所的市场交易，还可以将"碳币"投放到基金会支持公益事业。此外，企业还将享受政府资金补助、项目奖励、优化行政许可等一系列政策扶持。

二 以自然学校模式推动全民环境教育

自然学校创建是探索建立全民参与环保社会化行动体系，巩固和深化市民环境意识的重要公益平台，是全方位实施公众环境教育的创新之举。为了让市民走进自然，认识自然，并与自然和谐相处，建立公众参与环境保护的平台，深圳市人居环境委员会和深圳市城市管理局借鉴国外"自然学校"创建经验，探索创建深圳自然学校。并邀请世界自然基金会（WWF）、深圳红树林湿地保护基金会（MCF）作为项目的技术专家，深圳市华会所生态环保基金会提供资金支持，对深圳自然学校志愿讲解员培训、统一管理体系的建立等方面进行技术支持。通过建立"三个一"，即一间教室、一支志愿者环保教师队伍和一套教材，让市民先在自然学校中学习，然后开展体验活动，强化对环境问题的心灵感受，巩固和深化市民环境意识，普及环境保护知识，让市民在大自然中培育生态文明理念。

深圳市在环境教育基地的基础上，结合深圳特色率先在全国创建自然学校，2014年1月12日，深圳市挂牌成立了中国第一所自然学校——华侨城湿地自然学校；2014年12月相继挂牌成立2所自然学校——仙湖植物园自然学校和福田红树林保护区自然学校；2016年，又创建完成园博园、深圳湾公园、洪湖公园和深圳生态监测中心站等4所自然学校。截至2016年底，深圳市已建设了11个环境教育基地和7所自然学校。自然学校根据各自特色开展了具有特点的环境教育活动，传播生态文明理念。深圳每所自然学校各有特色，有偏重休闲游憩的，有偏重专业科研的，有候鸟越冬地，有多样植物区。在自然学校，市民可以体验优质、有意义的休闲游憩；孩子们可以通过户外环境体验，将自然学校作为学校活生生的校外教学实验室，补充学习；市民还可以在自然学校了解当今环境问题，学习解决环境问题的知识与技能等。

华侨城湿地自然学校是在华侨城湿地原有环境教育经验的基础上建成的。华侨城湿地占地面积约68.5万平方米，是中国唯一地处现代化大都市腹地的滨海红树林湿地，拥有大面积的红树景观和100多种珍稀鸟类，集湿地体验、生态保护、科普教育于一身，于2011年8月获得由国家海洋局授予的中国首个"国家级滨海湿地修复示范项目"称号。华侨城湿地自然学校秉承"一间教室，一支环保志愿教师队伍，一套教材"的宗旨，致力于改变人们与自然的疏离，远离"大自然缺失症"，感受自然的美好，收获内心的平静。华侨城湿地自然学校面向社会各界招募环保志愿教师，志愿教师要经过3个月系统的培训及实践积累后方能正式毕业，然后根据兴趣分小组，小组成员经过讨论、实践、改进研发课程。目前，华侨城湿地自然学校成立了6个课程研发小组：生态导览、小鸟课堂、自然FUN课堂、无痕湿地课程、零废弃课程和学校宣讲研发小组；此外，每月开展公众生态讲堂，邀请从事动植物保护与研究的专业人士、公益环保界的资深人士、具有专业知识的环保志愿教师、NGO组织工作人员前来，结合爱鸟周、世界地球日、六一儿童节、国际志愿者日等节日，分别开展观鸟活动、环保讲座、儿童心理健康与自然教育讲座、自然环境教育讲座、零废弃活动等。自然学校面向全社会开放，市民以提前预约的方式报名上课，课堂内容是根据自然学校的实际生态情况专门编写的教材，令每个参与者都可以"低头看教材，抬头看实物"，在自然学校真正感受深圳的自然环境。

第五章　融入社会建设改革创新

生态文明融入社会建设方面，在构建高效、多元的污染治理和环境公共服务机制，防范生态环境风险隐患，保障社会监督能力，维护公众生态环境权益，培育社会中间层主体，深化信息公开与公众参与等多个方面，树立了经济又好又快发展、环境质量和生态文明良好的国际形象。

第一节　生态文明建设与社会建设的关系

生态文明建设融入社会建设的意义在于：生态文明建设融入社会建设是生态文明建设的重要条件，生态文明建设融入社会建设是搞好社会建设的需要。在生态文明建设与社会建设关系问题上，经历了分别提出社会建设与生态文明建设两个概念到生态文明建设融入社会建设的两个阶段。改革开放以来，我国的经济建设成就是显著的，城乡居民在衣食住行等各个方面的水平都有了很大提高。但是，20世纪90年代中期以来，科技、教育、环境、卫生等社会事业的发展相对滞后，党的十七大为此专门做出了"加快推进以改善民生为重点的社会建设"的决策，这一决策非常正确，顺应了广大人民群众改善生活的要求，有利于调整社会结构，有利于经济社会协调发展，促进社会和谐。从党的十八大提出将生态文明放在突出地位，融入经济、政治、文化和社会建设至今，这是第二个阶段。

社会建设是指社会主体根据社会需要，有目的、有计划、有组织进行的改善民生和推进社会进步的社会行为与过程。社会建设的内涵很广，主要有两大方面：一是实体建设，诸如社区建设、社会组织建设、社会环境建设等；二是制度建设，诸如社会结构的调整与构建、社会流动机制建设、社会利益关系协调机制建设、社会保障体制建设、社会安全体制建设、社会管理体制建设等。社会实体建设提供公共产品和公共服务，社会制度建设则使社会更加有序与和谐。社会建设从工作内容上看，主要有发展社会事业、优化社会结构、完善社会服务功能和促进社会组织发展。

　　生态文明融入社会建设，一方面是在社会建设的生态领域继续加强，例如社会事件建设中的环境建设；另一方面则是在社会建设的其他领域，将生态文明的内涵融入社会建设的全过程，这是本章论述的重点。社会建设的重点，要从落实政府、企业和社会广大公众的生态文明责任意识开始，加强生态型政府建设，把生态环保纳入政府的基本公共服务之中，在社会建设中增加生态公共服务的供给；实施绿色就业，实现扩大就业与发展环保事业的有机结合；加强企业的环境保护主体责任，提供充分的环境信息公开和公众参与机会，以保障公众的知情权、参与权、监督权等环境权益，同时推动公众向生态化的生活方式转型。

　　此外，社会组织是沟通政府和民众的重要桥梁，它一方面把社会成员对政府的要求集中起来，转达给政府；另一方面把政府的政策意图反馈给社会成员。同时，社会公益组织在生态科普、环境监督等方面可以发挥极大作用。党的十六届六中全会的文件指出："健全社会组织，增强服务社会功能。坚持培育发展和管理监督并重，完善培育扶持和依法管理社会组织的政策，发挥各类社会组织提供服务、反映诉求、规范行为的作用。"这里所说的社会组织，指的就是社会民间组织、社团组织。生态建设和污染治理一直由政府主导和组织实施，当前需要进一步发挥市场运行模式和非政府主体的重要作用，向十九大报告提出的"政府为主导、企业为主体、社会组织和公众共同参与的环境治理体系"加速转变，以实现生态文明建设"共建共治共享"目标。

第二节　深圳生态文明建设融入社会建设主要做法

一　提升社会各界的环境责任意识

　　建设生态型政府，将生态文明建设纳入政府决策，建立完善并推进实施环境形势分析会、生态文明治污保洁工程、生态文明建设实绩工作考核"三位一体"的生态文明建设综合推进机制。完善生态环境保护"党政同责、一岗双责"制度体系,研究制定《深圳市环境保护"党政同责、一岗双责"实施规定》,编制全市生态环境保护工作责任清单,明确和细化全市各级党委、政府和有关部门的生态环境保护工作责任,构建"地方党政负责、环保机构监管、相关部门联动"的工作格局,促进建立生态型政府,将生态决策纳入政府决策,定期组织开展生态环境保护专项督促检查,推动中央、省、市生态环境保护决策部署落到实处。

全面推广政府绿色办公,政府部门和新建政府投资项目强制使用节能节水节材产品,逐年降低各级党政机关人均综合能耗;倡导低碳环保的生活方式,全面推广绿色消费,引导市民选购节能节水型产品,使用节能节水设备,自觉抵制高能耗、高排放产品和过度包装;提倡家庭垃圾分类投放,加大垃圾分类设施的投入力度,强化资源回收意识;倡导绿色出行,提倡使用公共交通工具,减少不必要的汽车使用。

在国内首创实践性的企业间绿色采购模式,推动以企业自愿开展"鹏城减废行动",与华为、富士康等23家大型的企业签订《深圳市企业绿色采购合作协议》,启动企业间绿色采购。环保部门编写发布技术指南,为实施绿色采购的企业提供指导和企业环保诚信与违法信息指引;企业根据供应商环保表现来决定采购对象及规模。

延伸企业产品的环境污染责任,建立废弃产品回收、安全处置、资源化利用的企业产品环境管理体系。强化企业环保责任和义务,严格限制塑料购物袋的生产销售使用,督促企业生产耐用、易于回收的塑料购物袋。上市企业和龙头企业率先实施绿色供应链管理,实现供应链体系的产品绿色设计、绿色生产、绿色包装、绿色销售以及回收处理。

完善企业环境信息披露制度,推动环境监测信息、执法信息、审批信息、企业排污信息的全公开,根据企业对环境造成污染的级别及潜在危害程度,进行分级管理,让政府和企业的环境责任在公开中得到群众监督。健全污染源企业环保信用体系,推动企业环境保护自律自治,制定《深圳市污染源环保信用管理办法》,探索扩大信用评定范围,建立黑名单制度。组织对全市重点污染源评定环保信用等级,评定结果通报公安、市场监管、人民银行等有关单位。

对企业家进行环境知识启蒙教育和可持续发展教育，激励激发企业家的环境"慈善"之心，通过培训、参观学习，引导企业家站在对社会和人类高度负责的基础上，认识到生态破坏和环境污染的危害性，建设绿色环保企业逐步制定和完善企业责任制度，明确企业的生态环境责任，提高企业环境守法意识，规范环境管理制度，培育企业生态文化，健全企业环保奖惩机制，强化节能减排自觉行动，提高资源利用效率，发挥企业在微观环境管理中的主导作用。

二 加强公众参与和社会监督

（一）加强政府和企业环境信息公开

政策法规层面，深圳市人民代表大会常务委员会 2009 年 8 月颁布了《深圳经济特区环境保护条例》，该条例于 2010 年 1 月 1 日生效实施，修正后的特区环保条例将环境信息公开和公众参与环境管理及决策同时纳入规定。该条例全面设定公民拥有 4 项基本环境权利：在良好环境中生活的权利、获取环境信息的权利、参与环境监督管理的权利和获得环境损害赔偿的权利；同时赋予环境保护社会团体明确的法律地位，明确鼓励环境保护团体依法设立，并为其设定 3 项基本权利：参与环境决策和环境监督管理的权利、维护公民环境权益的权利和宣传环境保护科学知识的权利。此外，明确环保社会监督员的基本权利，包括投诉受理权、投诉处理监督权等，完善了环保社会监督员制度。同时，为了便于公众理解和实施，亚洲基金会委托深圳市环境科学研究院一起编制了《深圳市环境信息公开与公众参与实施指南》，为公众提供了操作指引。

信息公开实践方面，深圳市通过政务微博、新闻发布会、各大网站以及市内外主要媒体、新媒体等渠道，宣传生态文明建设、环境保护工作进展和成效，依法公开环境信息，解答群众的热点难点问题，公开曝光环境严重违法案件。主动公开的环境信息内容较为丰富，除规定公开部分外还结合深圳环境保护实际，主动公开"白皮书""治污保洁工程""鹏城减废""深港环保合作""深莞惠环保合作"等本土特色内容，使得公众更好地获取最新动态；部分公开内容较为超前；环境信息化水平较高，深圳积极开展环境信息化工作，全力推进"数字环保"建设，不断提升环境管理和公众服务水平。

盐田区信息公开方式较为新颖。盐田创新开辟"互联网＋"环境质量信息公开渠道，开发环境质量公众服务平台，以手机 APP 应用软件为媒介，将空气质量、地表水、废水（气）污染源、负氧离子等环境质量信息向居民实时、直观、全面公开，充分保障公众环境知情权。

同时，力推企业环保信息公开制度，通过污染源环境监管信息公开专栏，及时公布企业环保信用等级评定结果，公开工业污染源环境监管信息。按照强化企业环保主体责任的要求，完善企业环保信用管理体制，组织对全市 923 家企业进行了环保信用等级评定，评价结果对外公布，通过污染源环境监管信息公开专栏，公开 1544 家在管工业污染源、共 26 万余条环境监管信息。

（二）鼓励公众参与和有奖举报

通过多种方式拓展公众参与途径，生态文明建设逐步从环保部门走向社会、从政府走向民间，形成共建共享的社会行动体系。鼓励和引导义工联合会、观鸟协会、NGO 等民间生态保护团体的公益活动，充分发挥环保组织的作用，逐步形成政府引导、市场推动、企业实施、社会组织协调、公众广泛参与的生态文明角色定位，通过聘请环保协管员、环保义工、开通环保热线等渠道，对重点区域、流域环境污染进行社会监督。

深圳市建设项目环评均按照相关规定开展信息公开和公众参与工作，一些市政项目如西部通道曾引起公众质疑，经过反复论证、方案改进和协调达成一致，某些建设项目如比亚迪新能源材料基地项目等经过公众参与环节未予通过环评审批。近年来深圳市通过回访调查问卷等形式进一步促进公众参与的落实和实效。通过公众参与各类规划、法规等的广泛征求意见，公众参与、专家论证和政府依法决策相结合的模式开始形成，越来越多的公众有序参与政府管理，决策的科学性、民主性进一步增强。

同时创新环境信访机制，市民可以通过参加环境信访和各类形式多样的环保活动参与环境保护。在深圳市的信访量中，环境信访量仅次于公安、工商领域位居第三，深圳市环境信访量居高不下，从侧面反映了公众参与意识的进步。及时化解环境矛盾和纠纷，每年处理环境投诉 8 万多宗，妥善处置了下坪垃圾填埋场、坪山环境园、危险废物处理站等基础设施邻避问题引发的群体事件，环境维稳形势平稳可控。根据《信访条例》《中华人民共和国环境保护法》等有关规定，建立深圳市突出环境信访问题排查化解工作制度，按照"依法、及时、就地解决问题与疏导教育相结合"的原则，建立及时发现、及时处置、源头防范突出环境信访问题的长效机制，实现突出环境信访问题化解的标本兼治，有效解决环境信访处理过程中部门协调联动不足、案件排查化解机制不健全、积案重案解决不到位等机制问题。

为有针对性地加大打击高危性、隐蔽性环境违法行为力度，深圳市人居委修订了《深圳市公众举报工业企业环境违法行为奖励办法》，专门安排经费用于对举报工业企业环境违法行为的奖励，并规定了更为严密和可行的保密制度，最大限度地保护举报人的利益，解除举报人后顾之忧。2015 年 1 月至 2016 年 11 月，22 宗查实违法行为，共发放奖金 34.25 万元，激励公众更广泛、更积极地参与对环境污染行为的打击，强化环境执法力度。

三　广泛开展生态示范创建活动

自 1999 年起，深圳市在全国率先开展各类生态示范创建工作，形成了以市、区创建为主体，"细胞工程"创建为补充的工作格局，开展绿色学校、社区、企业、商场等绿色家园系列创建活动，通过创建引导市民绿色生活方式。截至 2012 年底，福田区、罗湖区、南山区、盐田区 4 个区先后创建成为"国家生态区"，光明新区成为"国家绿色生态示范城区"，盐田区成为"国家水土保持生态文明区"。此外，还成功创建"国家生态旅游示范区" 2 个，"深圳市生态工业园区" 10 个，"深圳市生态街道" 49 个，"深圳市绿色社区" 345 个。生态创建活动的开展有力地促进了生态文明理念在广大群众中的宣传，使"美丽深圳"概念逐步深入人心。

自 2010 年开始，全市开展宜居社区创建工作，不断从居住空间、公共空间和服务设施等方面打造"以人为本"的宜居社区，将宜居社区建设定位为"创建宜居城市的细胞工程",有效推动社区健康有序发展,并通过宜居社区建设推动宜居城市建设。近年来,深圳市社区宜居水平逐年提升,宜居社区建设取得了一定成效。截至2016年底,全市639个社区中,已有557个社区获得"广东省宜居社区"称号,创建比例达87%,位居广东省前列。自2016年起,广东省住建厅启动五星级宜居社区创建,深圳市海裕社区等8个社区荣获首批省五星级宜居社区称号,是目前唯一获此殊荣的城市。为鼓励宜居社区创建工作,根据"以奖促治"精神,在深圳市环境保护建设奖励中增设宜居社区建设奖励项目,从2011年起,每年对获得"广东省宜居社区"称号的社区给予5万元资金奖励,目前已经对获评"广东省宜居社区"的557个社区发放奖励资金共计2785万元。

为规范全市生态创建工作,持续修订完善生态创建标准体系,深圳市陆续出台生态街道评价标准、绿色社区考核标准、生态工业园区建设标准。大力开展国家生态区、生态工业示范园区、深圳市生态街道、绿色社区和绿色景区五项创建活动,推动各区、街道、基层落实环境优先理念,提高污染治理水平、改善环境质量、提高民生净福利水平和公众环保参与程度。

四　充分发挥社会组织力量

通过积极培育,深圳市环保组织140多个,环保志愿者超过22000人,环保志愿义工规模全国最大,环保志愿义工人数全国最多。环保志愿者以"参与、互助、奉献、进步"的深圳义工精神为指导;"与时俱进、和谐环保、共建绿色家园"为宗旨;倡导"行动起来、保护环境、从我做起、积极参与"的环保观念,推广"节约资源、减少污染;绿色消费、环保选购;重复使用、多次使用;垃圾分类、循环回收;救助物种、保护自然"的环保理念,以实际行动参与环保、推广环保、宣传环保,加强深圳市民的环保意识。

大鹏新区还出台《关于完善社会组织参与生态文明建设引导机制的工作方案》,进一步完善民间环保组织参与生态文明建设的工作机制,积极发展培育和引进民间环保组织,培育发展本土和引进的生态环保类社会组织11家,支持本土和引进的生态环保类公益服务项目12个,支持民间环保组织参与生态文明建设特色项目 3 个，包括"东山码头增殖放流"项目、"坝光红树林保育"项目、"生态环保类民生微实事"项目。宝安区深入开展"环保进社区"专项工作，全区 126 个社区环保工作组 54% 的达"优良"，选取的 100 家企业试点建立了环保主任制度，实现环保基层自治、自主管理。

五　广泛开展区域合作交流

发布《珠江三角洲地区改革发展规划纲要》，明确指出将会推进珠三角地区与香港更紧密合作，共同建立"绿色大珠三角地区优质生活圈"。建立深港、深莞惠、珠江三角洲等合作区域间和各区、各部门间生态环境与经济发展的联席会议制度，促进协同联动与信息共享，实现生态环境与经济发展的综合决策。参加深莞惠经济圈环保合作第六次会议；每季度开展深莞联合执法，启动深莞联合治污工作机制。香港特别行政区政府环境保护署与深圳市人居环境委员会（原深圳市环境保护局）签署《加强深港环保合作协议》，建立定期交流会议机制、信息互享机制、突发环境事件通报机制，健全区域大气污染联防联治机制和跨行政区河流水质保护机制，齐心协力整治各类污染源。

落实"一带一路"发展战略，高水准推进部市合作，共建"一带一路"环境技术交流与转移中心。成功举办湾区城市生态文明大鹏策会、"一带一路"生态环保国际高层对话会和 2016 年城市可持续建设国际大会，邀请全球领域专家开展生态文明和绿色发展领域的合作交流。

第三节　改革创新典型探索

一　推行环境污染第三方治理

（一）推进落实情况

根据国务院办公厅《关于推行环境污染第三方治理的意见》和广东省人民政府办公厅《转发国务院办公厅关于推行环境污染第三方治理意见》的通知精神，深圳市重点从以下方面进一步推动环境污染第三方治理发展：

1.明确了对环境污染第三方治理的金融政策以及项目资金支持措施

《深圳市环境保护专项资金管理办法》规定，在环境基础设施建设、生态环境修复、推动生态环境保护和污染防治技术进步等方面，属环境保护专项资金资助范围，第三方治理单位可按规定申请相关补贴资金。《深圳市节能环保产业发展专项资金管理暂行办法》明确，自2014年起深圳市财政每年集中5亿元，通过无偿资助、奖励、贷款贴息、创业补偿、风险补偿和股权投资等多元化资助方式，扶持环境污染第三方治理在内的节能环保产业链提升创新能力、完善服务体系、促进产业发展。《深圳市大气环境质量提升补贴办法》明确，对于符合要求并按规定完成污染治理措施的企业，给予适当补贴。

2.落实了一批扶持资金

据了解，自2014年以来深圳市环境保护专项资金已资助污染治理项目15个，落实资金4300余万元；2015年深圳市节能环保产业发展专项资金共扶持环保产业项目25项，扶持资金0.52亿元，涉及项目总投资2.58亿元。

3.加强了政策措施宣传

据调查，《深圳市节能环保产业振兴发展规划（2014—2020年）》《深圳市节能环保产业振兴发展政策》以及相关资金办法出台时，市发展改革委、财政委、人居委等主管部门均已通过新闻媒体、门户网站或政府公报等渠道向社会公开，并开展了宣传。其中，市财政委设有"节能减排"专栏，专题宣传深圳市对包括环境污染第三方治理在内的各项节能减排鼓励资金政策。为帮助广大企业更好地认识深圳市对惠企政策的落实措施，市人居环境委组织对深圳市推行第三方污染治理的相关政策措施进行了集中宣讲，并在网站设立专栏，综合介绍深圳市相关措施，发布了属于财政补贴类的深圳市大气环境质量提升补贴资金申请路线图和办理人员联系方式。

4.积极推进环境保护市场化进程

推进环境监测市场化改革，放宽社会环境检测机构参与环境监测市场领域，深圳市人居环境委印发《深圳市社会环境检测机构管理办法》及《深圳市社会环境检测机构业务能力认定评审技术要求》（深人环规

〔2014〕1号），列入政府采购名录的 26 家企业依法独立承担排污单位污染源自行监测、环境损害评估监测、环境影响评价现状监测、清洁生产审核、企事业单位自主调查等环境监测活动，公平参与环境监测服务市场竞争。深化环境污染责任保险，深圳市人居环境委会同深圳市保监局制定并印发了《关于充分发挥市场决定性作用 进一步推动环境污染责任保险发展的意见》，发布《深圳市环境污染强制责任保险企业名录（2014 版）》，全市参加环境污染责任保险的企业 313 家，保额 4.8 亿元，位居全国各城市首位。

5. 启动"深圳市环境污染第三方治理机制"课题研究

通过剖析深圳市当前推行环境污染第三方治理模式面临的挑战，借鉴国内外环境污染第三方治理经验，深圳市提出完善环境污染第三方治理政策机制，明确政府、排污企业、第三方治污企业的权责关系，建立环境污染第三方治理的准入与退出机制，完善有关配套政策，有序地推进环境污染第三方治理的政策措施，目前该课题已通过专家验收。

（二）改革实际成效

1. 环境公用设施领域基本实现第三方治理

深圳市环境公用设施（污水和垃圾处理等）引入第三方投资、建设、运营起步于 20 世纪 90 年代。截至 2014 年底，全市建成和运营垃圾无害化处理场（厂）10 座（垃圾焚烧发电厂 6 座，卫生填埋场 4 座），生活垃圾处理量为 15100 吨/日，全部采取 BOT、TOT、托管等第三方投资、建设、运营模式。10 个餐厨垃圾处理厂（包括正在规划设计和设施建设）从规划设计、设施建设到投产运行均由特许经营企业承包。2008 年，深圳市制定实施《深圳市污水处理厂 BOT 项目管理办法》，目前全市 31 家污水处理厂，处理规模 479.5 万吨/日，全部采取 BOT、特许经营等第三方投资、建设、运营模式。另外，据相关行业协会，深圳市电力行业和危险废物第三方治理比例较高外，其他工业企业第三方治理案例正逐步增多。

2. 环境污染治理和服务市场粗具规模

根据《2014 年深圳环保产业调查报告》，2014 年，深圳市环境污染第三方服务合同（主要包括污染治理及环保设施运营、环境工程建设、生态修复与生态保护和环境监测）总额 207.72 亿元，占环境服务业项目总合同额的 83.23%。污染治理及环保设施运营、环境工程建设、生态修复与生态保护和环境监测项目合同额分别为 110.85 亿元、65.45 亿元、21.35 亿元、5.87 亿元，分别占第三方服务合同总额的 55.84%、31.06%、10.28% 和 2.82%。

3. 涌现一批环境服务行业骨干企业

根据《2014 年深圳环保产业调查报告》，2014 年度深圳市涉及环境服务业（包括污染治理服务及环境保护设施运营服务，环境工程建设服务，环境技术研发推广服务，环境政策规划咨询服务，环境审计与审核认证服务，环境工程咨询服务，环境评估与评价服务，环境监理服务，环境教育与培训服务，环境信息服务，环境监测服务，环境贸易服务，环境金融服务，生态修复及生态保护服务，其他环境服务等）的单位共有 483 家，从业人员共有 4.014 万人，合同总额实现 249.56 亿元，收入达 244.3597 亿元。其中，年收入大于 1 亿元的企业有 33 家；年营业收入小于 1000 万元的企业数共 286 家，占 59.21%。

在环境污染第三方治理领域中自主创新能力强、掌握核心关键技术、经营状况良好、主业突出、产品市场前景好、对产业发展带动作用大、发展粗具规模的综合实力相对靠前的骨干企业共有深圳市水务（集团）有限公司、深圳市铁汉生态环境股份有限公司等 15 家，2014 年合同额达 155.37 亿元，占全市环境污染治理合同总额的 74.8%，服务收入达 153.79 亿元。其中经营收入大于 10 亿元的有 4 家，1 亿元到 10 亿元的有 11 家。

二 "深圳民间河长"走马上任开展河流治理监管

为推进深圳的水污染治理，深圳市全面实施了"河长制"，而"深圳民间河长"征选活动的发起，挖掘及培育一批活跃于深圳各大河流域周边、具备一定专业素养的"深圳民间河长"，与政府"官方河长制"形成相辅相成的协作机制，搭建政府相关部门与民众间的沟通桥梁，加强水污染防治领域的社会监督及公众参与，进一步实现"碧水流深"的治水愿景。

2017 年 3 月，首批"深圳民间河长"征选活动由《深圳晚报》和绿源环保协会联合发起，通过《深圳晚报》、深圳市义工联合会、绿源环保协会官网、深圳新闻网等平台正式公开招募，共吸引了 200 多名来自社会各界的热心市民踊跃报名参与，遍布全市九大流域，参与报名的市民中不仅有来自一线的环境治理工作者、在校学生、个体经营者、家庭主妇，还有希望带领孩子共同关注河流变化的父母。①

经过 5 场初选见面会访谈后，70 多位报名者进入培训阶段，培训包含深圳治水历史、河流治理监督基本知识、环境法规等相关专业培训及实地河流调研，为后续更好地担任"深圳民间河长"相关工作奠定基础。通过公开招募、初选面谈、系列培训以及考核后，共有 45 名关注河流的热心市民成为首批"深圳民间河长"，覆盖全市九大流域，将参与观澜河、茅洲河、龙岗河、深圳河、坪山河等 22 条河流的共治。未来主办方还将培育更多的"深圳民间河长"参与深圳河流治理，覆盖全市大大小小的河流。

过去的河流治理监督更多是通过相关部门的官方途径进行举报监督，难以直接体现市民对于河流治理的意见表达，"深圳民间河长"们期待通过"河长制"的推行，与政府"河长"形成更为直接有效的沟通渠道，助力深圳河流生态环境改善。2017 年 6 月 3 日上午，"深圳民间河长聘任仪式"在深圳湾公园大沙河入海口旁正式举行。聘任仪式上，45 名首批"深圳民间河长"从市人大代表、政协委员及主办方代表手中接过聘书、工作证及河流监督工具包，正式"走马上任"。据悉，"深圳民间河长"任命后将会开展河流巡查，充分了解并记录河流现状，跟进河流治理进程，并及时发现河流环境问题，收集群众的治水意见，及时反馈给"官方河长"，协调群众与政府良性互动沟通，同时通过宣传组织，带动更多公众参与水环境保护。

三　国内首个政府委托社会组织管理的城市自然公园——深圳福田红树林生态公园

深圳福田红树林生态公园（以下简称"生态公园"）位于福田红树林

---

① 深圳市绿源环保志愿者协会碧水流深项目组：《深圳民间河长 2017 年度工作报告》，2018 年，第 1—3 页。

国家级自然保护区东侧，南面为深圳湾海域，与香港米埔自然保护区隔河相望，面积约 38 公顷，是深圳湾湿地的重要组成部分。生态公园由福田区人民政府等五家政府机构共同建设，于 2015 年 12 月正式向公众开放，是一个融生态修复、科普教育、休闲游憩等功能为一体的城市公园。同年 11 月，生态公园被福田区人民政府委托给专业的民间环保机构——深圳市红树林湿地保护基金会（以下简称"红树林基金会"）进行管理，成为国内第一个由政府规划建设委托公益机构管理的城市生态公园。

　　生态公园由福田区政府财政投资约 1.2 亿元建设，采用政府主导、民间机构参与管理的模式。生态公园在功能上定位为"福田国家级自然保护区东部缓冲带""红树林湿地生态修复示范区""红树林湿地科普教育基地"，以及"适度满足市民休闲需求"。在规划分区方面按照用地现状和实用功能划分为游览区（入口服务区和红树林科普区）、生态缓冲区和生态复育区，广电办公区和广电发射塔控制区（无法搬离保留在公园范围）。其中游览区和生态缓冲区完全对市民开放，生态控制区位于深圳湾腹地，是鸟类等生物的集中栖息区，需要严格的控制管理以降低人类活动对生态的影响。生态公园根据《深圳市福田红树林生态公园建设项目环境影响报告书》恪守"生态优先"的原则，对公园开放区域进行人数控制，据生态评估和面积测算，同时在园人数不超过 2200 人，而生态控制区则需要预约团进团出。

　　2015 年 6 月，在公园建设期间，红树林基金会就开始与福田区政府沟通探索"政府 + 社会公益性组织 + 专业管理委员会"的公园管理新模式。福田区政府委托中山大学旅游学院开展调研工作，编写《政府委托公募基金会管理红树林生态公园可行性研究报告》，内容包括：研究国内外政府委托公募基金会参与城市公园管理的经验；判断政府委托公募基金会管理红树林生态公园的可行性；分析政府委托公募基金会管理红树林生态公园可能存在的风险；提出政府委托公募基金会管理红树林生态公园的风险规避策略；寻求政府委托公募基金会管理红树林生态公园的可持续之道。报告为福田区政府委托红树林基金会管理生态公园奠定了基础。

表 5 - 1　　　　　　　　　　　　　管理模式分工表

序号	单位	权利及义务
1	政府	监督检查社会公益性组织的管理团队和员工培训情况，按进度和标准检查评估结果，支付委托管理经费
2	社会公益性组织	充分发挥公募基金会优势，在公园日常管理、生态保护和科普教育中充分利用自筹经费，节约、补充政府资金投入，严格执行专业管理委员会设定的评估标准和要求
3	专业管理委员会	由行业专家及市民代表组成，设定监管和评估的标准和要求，对社会公益性组织的工作进行全面的技术指导、监督和评估

2015 年 11 月，深圳市福田区人民政府和红树林基金会签署了《福田红树林生态公园合作框架协议》，确立了红树林生态公园综合管理的战略合作关系。根据合作框架协议和创新"政府 + 社会公益性组织 + 专业管理委员会"的公园管理模式，福田区环境保护和水务局（以下简称环水局）与红树林基金会签订《深圳市福田红树林生态公园委托管理合同》，将生态公园的日常综合管理、生态环境保护和自然科普教育任务委托给红树林基金会。

根据委托管理合同的约定，福田区政府指定福田区环境保护和水务局与红树林基金会确定每年的工作计划和费用拨付额度等事宜，并负责组建福田红树林生态公园管理委员会（以下简称管理委员会）对公园进行指导评审、监督检查、评估考核等工作；红树林基金会作为公园管理方负责制订每年的管理工作计划和年度预算提交管理委员会审议，并接受管理委员会的指导和考核。

管理委员会由深圳市生态保护、公园管理、园林规划、环境水务、财政预算等领域专家组成；下设秘书处开展日常监督检查工作；根据秘书处监督评估报告、深圳市公园管理相关规范评定当年工作成效。评定为合格或优秀后进行下一年委托事项。

目前，该模式同时兼顾生物多样性生境保护、自然科普教育及志愿者培育多项职能，积极探索了新型管理模式，委托社会公益组织管理为中国民间自然生态保护提供一个好的案例和样板。改善了福田红树林国家级自然保护区和香港米埔自然保护区的周边生态环境，增加深圳湾滨海湿地面积，给鸟类提供更加优质的栖息环境，对深港合作共同保护深圳湾滨海湿地具有重要的意义。同时也为市民提供了一个近距离接触红树林湿地、亲近自然、遥望保护区景致的空间。①

---

①　大自然保护协会：《中国社会公益自然保护地发展观察 2017》，第 24—27 页。

第六章　深圳生态文明建设改革创新

生态环境保护是生态文明建设的主战场，深圳生态文明建设改革创新着力提高生态环境公共服务产品供给能力，打好气、水、土"三大战役"，进一步提升大气、水、噪声环境质量，完善配套环境基础设施，提高生活垃圾、危险废物等处理处置能力，构建高效、多元的污染治理和环境公共服务机制，防范生态环境风险隐患，保障生态环境安全，加强宜居城市建设，树立了经济又好又快发展、环境质量和生态文明良好的国际形象。

第一节　生态环境保护与建设是生态文明建设的主阵地

生态文明主要包括先进的生态文化、完善的生态制度、发达的生态经济、适度的生态生活和良好的生态环境。其中，良好的生态环境是生态文明建设的内在要求和立足点，只有创造良好的生态环境，才能真正实现经济社会的全面协调可持续发展。环境保护成为生态文明建设的主阵地、主力军和根本措施。党的十八大报告关于建设生态文明的部署，更进一步明确了环境保护是生态文明建设的主阵地和根本措施。报告指出，建设生态文明的出发点，是应对资源约束趋紧、环境污染严重、生态系统退化的严峻形势；建设生态文明的落脚点，是扭转生态环境恶化趋势，为人们创造良好生产生活环境，建设美丽中国，实现中华民族永续发展，并为全球生态安全做出贡献；建设生态文明的着力点，更是处处贯穿了环保工作，涵盖了环境保护的各个领域。

　　深圳市一直坚持贯彻可持续发展战略，环境保护从理念到实践均发生了深刻变化，不断以推进环境保护历史性转变，探索环境保护新道路，让江河湖泊休养生息，构建资源节约型、环境友好型社会等新理念、新思路、新举措推动环保工作向纵深发展。特别是党的十七大提出生态文明建设的要求以来，深圳市一直认真贯彻落实中央部署，大力推进各项环保重点工作，超额完成污染减排任务，重污染行业主要污染物排放强度呈现逐年下降态势，部分环境质量指标得到比较明显的改善；环境准入门槛提高，有力淘汰落后产能，以源头控制推动了产业优化升级；集中力量解决影响科学发展和损害群众健康的突出环境问题，有效保障和改善了民生；重点流域和区域污染防治深入推进；大力实施"以奖促治"政策，扎实开展重点区域环境连片整治工作，促进了区域协调发展；全社会环境意识明显提升。力度空前的环境保护，从不同角度和侧面，在理论上丰富和充实了生态文明的内涵，在实践中积累和扩大了生态文明建设的成果。

　　2008 年，国家环保部在全国筛选了六个市（县）为国家"生态文明建设试点地区"，深圳作为全国唯一的计划单列市被选定，深圳市委市政府将"创建生态文明示范城市"列为全市建设中国特色社会主义示范市九大突破重点之一。深圳市在经济转型的特殊时期创建"生态文明示范城市"，不仅可继续发挥"试验田"和"窗口"作用，为其他城市的生态文明建设提供经验，更可对珠三角地区及香港地区产生积极影响，树立经济又好又快发展、环境质量和生态文明良好的国际形象。深圳还建立起较为完善的公共服务体系和社会保障体系，文化、教育、医疗、卫生、养老等各项社会事业也获得长足发展。深圳市先后获得了联合国"世界人居奖""全球环境 500 佳""中国人居环境保护奖"和"国家环保模范城"等多项荣誉。

第二节　深圳生态文明建设融入社会建设主要做法

一　优化大气环境质量，构建大气污染防控体系

　　深莞惠拓展环保合作，制定并签署《深莞惠大气污染防治区域合作协议》，初步实现信息共享，开展大气污染防治区域合作，联手推动黄标车

淘汰。深港合作方面，2013 年以来深圳市政府与香港特区政府多次召开会议，交换经验，对如何共同推进区域港口岸电建设和船舶低硫燃油推广工作达成了共识。深圳市全力推进落实《深圳环境质量提升行动计划》和蓝天工程，建立大气环境质量提升联席会议制度，与 11 个单位部门及各区政府、新区管委会签订《大气污染防治目标责任书》。市政府主持召开第二次环境形势分析会，分析全市 PM 2.5 来源及应对方案，制定《深圳市 PM 2.5 污染防治专项行动方案》《深圳市空气污染应急预案》。2017 年，深圳市政府制定《深圳市大气环境质量提升计划（2017—2020 年）》，以 2020 年 PM 2.5 低于 25 微克/立方米为目标，又提出了 7 大类 30 条"升级版"提升措施，成为内地首个提出空气质量与国际高标准接轨的城市。

全面推进工业大气污染防治，妈湾电厂 6 台燃煤机组全部完成了低氮燃烧、烟气脱硝和深度脱硫除尘改造，深圳市 23 台发电机组已全部实现低氮燃烧。根据深圳市环境监测中心站 2015 年监督性监测显示，妈湾电厂二氧化硫、二氧化氮及烟尘等主要污染物排放浓度不但已稳定低于国家最新执行的《火电厂大气污染物排放标准 GB 13223—2011》，还优于欧盟和美国排放标准。从 2014 年起深圳市要求新建锅炉必须使用天然气等清洁能源，禁止新建燃用生物质成型燃料的锅炉，新建宾馆酒店不得使用锅炉供应热水，燃煤、木柴、重油等高污染锅炉全部完成关停或改造，全市累计淘汰和改造过千台高污染锅炉。深圳市强化生物质成型燃料锅炉管理，编制《生物质成型燃料及燃烧设备技术规范》，现有生物质成型燃料锅炉均已安装在线监控系统，将全市区域划为高污染燃料禁燃区，使深圳成为全国唯一全辖区禁燃高污染燃料的城市。

深圳市强力推动机动车尾气防治，发布《深圳市环保车型目录管理办法》，机动车全面实施国 V 排放标准，全面供应国 V 车用汽、柴油，并于 2015 年 12 月 31 日起对轻型汽油车以及公交、环卫、邮政行业的重型柴油车执行国 V 排放标准；持续加大清洁能源汽车推广，截至 2016 年底，累计推广应用新能源汽车超过 7.2 万辆，因此荣获"全球城市交通领袖奖"，并计划到 2017 年底，使全市 1.5 万辆公交车全部替换为新能源汽车，全面加大黄标车淘汰力度，实施了第二十二阶段的黄标车限行措施，首次实现所有黄标车全市全时段限行，并出台了《深圳市黄标车提前淘汰奖励补贴办法（2013—2015 年）》《深圳市加快淘汰黄标车工作方案》等，综合运用法律、行政、经济等手段，通过严格执行车辆强制报废制度、加大黄标车限行力度等加快淘汰黄标车。2013 年以来，深圳市累计淘汰黄标车和老旧车 38.2 万辆，已在全市范围永久禁行黄标车。加强在用车监管，市区联动开展路检、抽检等机动车排气污染监督执法工作，加强对黑烟车等高污染车辆的查处力度，年度检测各类高排放车辆超过 8 万辆。

深圳港是世界第三大集装箱港口，船舶排放的二氧化硫占全市排放总量的 50% 以上。2014 年深圳市印发了《深圳市港口、船舶岸电设施和船用低硫油补贴资金管理暂行办法》，采取政府财政补贴、企业自愿参与相结合的模式大力推广使用岸电和低硫油，是全国第一个通过政府补贴鼓励港口船舶减排的城市。深圳市召集 30 多家国际港航企业签署《深圳航运深圳宣言》，使深圳成为亚洲范围内率先开展港口船舶污染实质性治理工作的城市；目前已有 6150 余艘次远洋船舶转用低硫燃油，已建成港口岸电设施泊位 12 个，可提供远洋船舶岸电供应泊位数居全国最多。

在大运会空气质量保障工作中，深圳市首次开展了 VOCs 污染治理工作，之后逐步在 VOCs 排放重点行业加大污染治理。2013 年深圳市发布了自愿性家具环保标示制度，对家具生产原料进行环保评估，鼓励市民选购生产过程中使用水性涂料替代油漆的家具，在全国率先建立了通过消费者采购行为促使生产者改用环保原料的治理模式。各区政府及新区管委会自 2014 年起已全面停止审批使用油漆的家具生产线，要求新建高挥发性有机物含量涂料的涂装工序必须密闭作业，新建汽车、电子产品制造等涂装项目使用低挥发性有机物含量涂料比例必须达到 60%。全市开展了 VOCs 专项调查，完成近 8000 家企业入户调查，基本掌握了全市 VOCs 污染排放情况，并根据普查结果，制定了全市 VOCs 排放重点监管企业名单，共下达重点治理企业名单约 800 家，全面开展重点行业 VOCs 污染治理。据初步统计，每年 VOCs 减排 7 万吨以上。

不断强化饮食服务业监管力度，深圳市各区对新建、改建、扩建的饮食服务业项目环保审批严格把关，要求选址、布局必须符合城市规划和环境保护要求，并应安装污染防治设施、申领排污许可证，禁止使用燃油、燃煤锅炉等设备，必须使用清洁能源。逐步建立完善在线监测系统，深圳市推行治理设施运行管理第三方维护模式，全市共1000余家餐饮企业安装了油烟排放在线监控装置。

加强扬尘污染治理，创新工作方法，委托第三方监理机构定期开展全市大型施工工地现场巡查工作，实现现场检查常规化。深圳市人居委编制《深圳市建设工程扬尘污染防治技术手册》，组织200余家环评单位进行专题培训，将扬尘污染防治各项措施以技术规范的形式纳入环评报告中。贯彻落实扬尘污染控制措施，建筑工地扬尘污染管理6个百分百得到强化，新开工土石方工地自动喷淋系统得到推广利用。非道路移动机械方面，深圳市制定了《在用非道路移动机械用柴油机排气烟度排放限值及测量方法特区技术规范》，成为国内率先制定非道路移动机械地方标准的城市之一，并从2014年起要求政府部门及大型国企在进行设备或工程采购招标时，通过采取加分等措施鼓励投标施工单位优先使用LNG或电动工程机械。

2014年，深圳市首次实现6项空气质量指标全面达标，提前3年完成国家下达的治理目标任务；2015、2016年，深圳市大气环境质量进一步改善，污染物浓度持续降低，PM 2.5浓度下降到27微克/立方米，较2012年值下降达11微克/立方米；雾霾日降至10年来最低，减少至27天。2017年上半年，深圳市空气质量全国排名第七，全市空气质量继续保持优良状况。目前，深圳市空气质量稳居19个副省级以上城市最好水平，"深圳蓝"成为城市亮丽的绿色名片。

二　提升水环境质量，生态环境产品供给能力

保障饮用水源地水质安全。深圳市投资14亿元，推进一级保护区封闭式隔离管理工程，对13座饮用水库一级保护区实施征地拆迁和围网，并在7座主要水库建设水源涵养林。不断推进饮用水源保护区污染治理工作，重点实施了铁岗水库小流域河口治理工程、西丽水库入库支流河口前置库水生态修复试验示范工程、石岩水库环库截污工程、梧桐山河综合整治工程、甘坑水库库尾生态修复工程等。持续开展以面源污染清理为重点的"雨季行动"专项执法工作和全市重点水源保护区稽查专项行动，依法查处水源保护区内非法养殖回潮、乱搭建及倾倒淤泥渣土等环境违法行为，同时充分利用环评审批杠杆，严格水源保护区建设项目环保准入，有

效保护了饮用水源水质。开展饮用水源保护区划调整工作。按照国家环保部的相关要求，全面评估深圳水库等 13 个主要饮用水源地环境状况。2010 年以来，深圳市饮用水源水库水质达标率保持在 100%。

　　推进河流污染综合整治。深圳市政府 2014 年主持召开第三次环境形势分析会，全面分析深圳市水环境污染和治水工作中存在的突出问题，制订并印发全市管网建设规划、深圳市治水提质总体方案等一系列治污治水的规划和方案，严格落实南粤水更清行动计划，印发实施《鹏城水更清行动计划（2013—2020 年）》，提出综合整治、设施建设等 5 大类 200 余项工程。2015 年深圳市成立了常务副市长任指挥长的治水提质指挥部，制订《深圳市贯彻国务院水污染防治行动计划　实施治水提质的行动方案》，确立流域统筹、系统治理等"治水十策"。2016 年，深圳市积极引入社会资金，采用 BOT、PPP 等模式推动社会力量参与排水管网雨污分流改造、污水处理厂新改扩建、海绵城市设施建设，全部启动 461 个治水提质项目，全年完成治水提质投资 110 余亿元，相当于"十二五"水环境投资的 63%，建设污水管网超过 1000 公里，是上一年的 3 倍，计划 2017 年完成 1500 公里的建设任务。此外，创新治理模式，在茅洲河采取"流域综合整治"的思路，探索"地方＋央企"的合作模式，与中电建合作，会同东莞市同步发力，扭转了零敲碎打的治理方式。2017 年 5 月《深圳市全面推行河长制实施方案》印发，推进龙岗河、坪山河、观澜河等跨市河流污染综合整治，落实省挂牌督办茅洲河流域污染治理的相关要求，实施了布吉河（原特区内）水环境综合整治工程，深圳河治理四期工程，大沙河综合治理工程，新圳河、西乡河清淤工程，茅洲河水环境综合整治工程，观澜河、龙岗河、坪山河干支流综合整治工程等，有效改善了河流水质。截至 2016 年底，深圳市完成对全市河流干流及各级支流的水环境状况和 1.1 万余个排水口（其中 2900 多个排水口有污水排放）、4400 多家企业的调查，基本摸清了污染源结构和分布。2010 年以来，河流水质整体好转，主要河流改善幅度在 60% 以上；福田河、新洲河、大沙河、龙岗河、西乡河等主要河流消除黑臭现象，部分河流实现水清岸绿。2016 年，全市建城区 36 条（45 段）黑臭水体中有 18 段初步实现不黑不臭，15 条主要河流中有 11 条水质改善，茅洲河水质综合污染指数下降 24.2%。2017 年上半年，全市 67 条河流水质有不同程度改善，其中罗田水、福永河、后海河等 17 条河流显著改善（50%—86%），布吉河、沙湾河（龙岗）、小沙河等 22 条河流明显改善（25%—48%），观澜河、西乡河、田坑水等 28 条河流有所改善（10%—25%）。

推动深圳湾、前海湾重点湾区污染治理。近岸海域污染治理主要以控制陆源污染负荷为主，主要开展了陆域污水处理设施及污水收集管网建设以及部分入海河涌污染治理等工程。深圳市开展陆源入海排污口摸底调查，进一步加强对重点海域排海工程和海洋环境状况的监测监控；组织开展入海河流流域工业企业环境专项执法检查，有效保障入海河流水质安全；继续开展"碧海""利剑"等一系列海洋环境联合执法检查，严厉查处打击各类违法排海、海域非法倾废、非法采砂等行为。2010 年以来，东部海域水质保持优良水平。

图 6-1　深圳湾排污口整治前后对比图

稳步推进污水处理设施建设。公明、观澜、龙华等污水处理厂的新建、改建、扩建任务已完成，沙井、固戍、福田等污水处理厂的扩建工程的建设正在全力推进中。截至 2016 年底，全市共建成污水处理厂 32 座，污水处理总规模 519.5 万吨/天（供水规模为 465 万吨/天），超过全市污水产生量。深圳市加强污水处理厂运营质量巡查，每年抽检进、出水水质 800 厂次，确保现有污水处理厂高效运行，有效削减氨氮及总磷排放量；全面开展排水管网"正本清源"和旧村旧城区排水管网改造，编制完成《原特区内 2011—2015 年五年清源行动工程实施方案和"三不管"排水管网改造工程实施方案》，推进原特区外排水管网市场化运营，完成小区清源改造 3603 个；分解落实年度污水管网建设任务，截至 2016 年底，全市共建成污水管网 5606 公里，完成了 2020 年规划（将 2025 年规划提前至 2020 年）需求长度 10455 公里的 53.6%，待建污水管网 4603 公里。

三　防范生态环境风险隐患，保障环境安全

（一）加强固体废物污染控制

推动垃圾处理设施建设。2015 年，深圳市出台《深圳市环境基础设施提升改造工作方案（2016—2020 年）》，大力推动垃圾处理基础设施建设。截至 2016 年底，全市累计建成污水处理厂 32 座，总设计处理能力 519.5 万吨/日。已建成并投入运营的生活垃圾无害化处理设施共 10 座（设计处理规模合计 11825 吨/日），建筑废弃物处理设施 6 座（总库容 8370 万立方米），污水处理厂污泥处理设施 6 座（设计处理规模合计 2130 吨/日），工业危险废物处理设施 8 座（许可资质总量合计 1667 吨/日）和医疗废物处理设施 1 座（设计处理规模 15 吨/日）。生活垃圾无害化处理率多年稳定在 100%。

提升建筑垃圾资源化利用水平。深圳市发布《深圳市建筑废弃物综合处置工作方案》，严格实施建筑废弃物日常监管及考核机制，妥善处置建筑废弃物，加强处置过程监管，实现建筑废弃物管理规范化、排放减量化、处置资源化。截至 2016 年底，全市已有 8 个建筑废弃物综合利用项目投入运营使用，处理能力提升至 665 万吨/年。推进现场处理在城市更新项目中的应用，南山区南湾工业区城市更新项目、龙华壹城中心旧改项目等多个项目中实施建筑废弃物现场处理，实现建筑废弃物现场再生利用。

加强危险废物处理能力。按照环保部和省厅的有关要求以及深圳市危险废物规范化管理的工作方案，深圳市完成2700多家危险废物产生量在1至100吨的企业的危险废物规范化管理工作，分区、分片组织危险废物产生企业的负责人和环保管理人员进行培训；加快梅林预处理基地生产设施、市危险废物处理站搬迁，推进松岗综合利用基地扩建、分拣中转基地建设、医疗废物处理场扩建，建成龙岗区工业危险废物处理基地和深圳市危险废物焚烧处置工程，进一步增强了全市危险废物处理能力。全市危险废物处理处置率、医疗废物处理处置率均保持100%。

积极推进深圳市家电以旧换新工作。深圳市印发《深圳市家电以旧换新操作细则补充通知》，并对拆解企业进行了多次现场核查。以进口固体废物加工企业为重点，组织开展了打击"洋垃圾走私"专项检查工作，严格查处非法进口、倒卖、利用洋垃圾等违法行为。加强危险废物跨市转移管理，限制无价值废物、超经营范围和处理能力等类别的废物移入深圳市。

积极推进生活垃圾分类和减量。建立有害垃圾、大件垃圾、废弃织物、年花年桔、绿化垃圾、果蔬垃圾六大资源类垃圾分流分类处理体系，日均分流分类处理约340吨。积极开展达标小区创建和资源回收日活动。全市2097个住宅小区（城中村）共开展"资源回收日"活动38800多场次，创建生活垃圾分类和减量达标小区827个，覆盖率达29%。全国首创法定"资源回收日"活动模式。《深圳市生活垃圾分类和减量管理办法》规定每周六为深圳市"资源回收日"，住宅区在"资源回收日"当天集中收集可回收物和有害垃圾等，具体由物业服务企业或委托第三方机构组织实施。2016年全市约2100个小区（城中村）开展"资源回收日"活动，累计开展"资源回收日"活动32700多场。探索推行"互联网＋分类回收"，格林美"回收哥"平台实现手机下单预约上门回收，已注册用户13万多个，回收各类废品4300多吨；德立信、英尔科技、优服美家等互联网企业探索研发智能化垃圾分类运营管理服务系统，已在盐田、宝安、龙岗和龙华区投入使用。联合深圳市教育局推进生活垃圾分类和减量进校园。联合深圳市教育局制定实施推进生活垃圾分类和减量行动方案，举办"垃圾分类美丽校园"启动仪式；推动全市中小学设立"开学第一课"

"生活垃圾分类和减量主题班会"进行专题宣传教育。大胆探索专业化分类，生活垃圾分类和减量的技术创新。开展探索生活垃圾超高压干湿分质分类处理新技术等课题研究，在下坪填埋场开展生活垃圾干湿分类生产稳定性测试，在罗湖区百仕达垃圾转运站试点运用快速脱水新技术等。制定实施《深圳市生活垃圾分类和减量考核实施方案（2016年度）》，对各区推进生活垃圾分类和减量的工作成效进行综合考核。

（二）开展土壤污染综合防治

2016年12月在广东省率先出台了《深圳市土壤环境保护和质量提升工作方案》，从九个方面提出了四十条具体工作任务，形成深圳土壤污染防治"四十条"，以更高标准、更严要求、更快速度推动土壤环境质量提升工作。截至目前，深圳市10个区（新区）印发区级土壤污染防治行动计划落实方案。完成全市2500余家疑似土壤污染重点行业企业空间位置遥感及基础信息核实工作，并对筛选出600余家在产企业和近200家关停企业开展用地信息调查及土壤环境风险筛查。布设国家农用地土壤污染状况详查点位600多个，划定农用地土壤污染状况详查单元100多个，划定农用地土壤污染问题突出区域6个。布设60多个土壤环境监测国控点位、70多个土壤环境监测省控点位，并在8个"菜篮子"基地、12家高尔夫球场和4个饮用水水源一级保护区布设了市级土壤环境监测点位，初步形成了土壤环境监测网络。逐步构建深圳市土壤环境质量详查数据库，对全市土壤详查全过程进行跟踪记录。根据已有土壤环境质量初步筛查结果，深圳市土壤环境总体状况良好。编制《深圳市工业企业关停、搬迁及原址场地再开发利用过程中污染防治工作方案》，明确企业关停搬迁监管责任和程序、严格场地调查及风险评估、严控污染场地开发建设环评审批等。

（三）严格防控重金属污染

制定重金属污染防治规划。深圳市制定了每年度《深圳市重金属污染综合防治规划实施方案》，组织编制了《重金属行业废水治理工程建设管理指引》《电镀企业废气建设管理指引》和《危险废物规范化管理指引》等规范文件，要求全市各电镀、线路板等涉重金属企业按照三个指引的要求进行整改，全面推进重金属企业废水、废气和危险废物的污染整治工作。

　　建立重金属企业污染整治监管平台。通过建立重金属企业污染整治监管平台，对全市重金属排放企业整治情况进行统计、稽查和考核，对重金属污染整治工作中查出的各类环境违法行为，严格执行登记销号制度，确保实现逐家逐项落实整改的要求。

　　建立重金属污染企业环保信用机制。深圳市制定《深圳市重点排污企业环保信用管理办法》，将800多家涉重金属企业分为绿牌、蓝牌、黄牌和红牌企业4个信用等级。对不同信用等级的企业采取不同的鼓励或限制措施，同时将评定结果通报给公安、工商、海关、财政、外贸、金融、证券等单位，以及与环保部门开展绿色采购等合作的企业，建议有关单位和企业根据企业环保诚信评价结果分别采取相应的激励或约束措施。全面推进涉重金属企业的清洁生产审核工作，组织编制了《电镀企业清洁生产实施指引》和《线路板企业清洁生产实施指引》，指导重金属排放企业开展清洁生产审核工作，减少污染排放，推进产业结构升级转型。目前，深圳市80%以上的涉重金属企业已通过或正在实施清洁生产审核。

　　加大对淡水河、石马河、龙岗河、坪山河、观澜河流域重金属污染企业淘汰力度。建立健全重污染企业退出机制，优先关停涉重金属排放的电镀、线路板等重污染企业，制定流域内重污染企业关闭、淘汰名录，每年淘汰10%的重污染企业，促进流域产业结构转型升级。深入推动全市铅蓄电池企业污染整治工作，把铅蓄电池企业污染整治工作作为全市重金属企业专项整治工作的重点内容，加大对铅蓄企业的现场检查和监测频次，认真贯彻"六个一律"，严肃查处环境违法行为。

　　（四）推进环境风险防控

　　全面推进环境风险防控。针对重点饮用水源保护区、涉重金属排放企业、危险废物经营单位和重点产废单位等环保重点监管的行业企业，每年度依时分类开展各专项环境安全隐患排查整治行动。通过强化资金投入、引入第三方技术服务单位、加强部门间交流合作等手段全面推进环境风险防控工作，以最硬的措施和最严的手段强化工业污染源监管执法，重点整治黑臭水体流域内涉水工业污染源。为了掌握全市的环境安全基础数据和环境安全薄弱环节，对市管重点企业进行全面的摸底调查，深入了解深圳市重点环境风险源的区域、流域分布情况，统计分析研究监管范围内企业的环境风险现状。开展风险评估，实施分级分类管理，制定电镀企业、印制线路板企业、危险废物经营单位等 9 类重点行业企业的环境风险等级划分技术规范，通过第三方机构完成全市 580 余家重点企业环境风险评估并确定环境风险等级。

四　强化生态建设，打造宜居城市

（一）强化生态用地管控

强化生态用地管控。2005 年，深圳市率先划定基本生态控制线，近半土地实施"铁线保护"，有效保护城市生态安全；建立基本生态控制线内生态资源和土地空间资源等基础信息数据库，划定了基本生态控制线一级管制区，颁布实施《关于进一步规范基本生态控制线管理的实施意见》，推动修订《基本生态控制线管理规定》，建立了基本生态控制线管理目标责任制；根据国家和广东省划定生态保护红线的统一部署，印发生态保护红线划定工作方案，明确各单位职责和时间节点，启动生态保护红线划定工作。

建设用地蔓延态势得到遏制。自 2005 年生态线划定以后，近 10 年，线内新增建设用地快速扩张得到了遏制，用地规模逐步得到控制，生态资源和生态安全得到了有效保护。线内景观多样性指数从 1.34 增加到 1.49，而线外景观多样性指数从 1.49 降到 1.26。基本控制线有效保护了深圳市的野生动植物资源，野生高等植物种类初步调查共 2100 余种，占全市野生植物资源的 98％以上，与珠三角其他城市相比植物总类有显著优势。生态线划定以来，线内植被覆盖、生物多样性和森林资源得到了有效保护，防止了水土侵蚀，保障了土壤肥力，水源安全也得到有效保障。

陆海统筹构建全域生态空间。深圳市将 1145 平方公里的海域纳入城市空间规划管理范围，实施海陆统筹管理，以海定陆，实施陆域污染总量控制，起草《深圳市海域管理条例》，统筹海陆资源管理。2014 年深圳市启动海洋生态红线的划定工作，并研究基本生态控制线与海洋生态线的有机衔接，陆海统筹，构建全域生态空间防护体系。

（二）生态修复建设

深圳市编制完成《深圳市关键生态节点恢复规划》，推动 6 号、7 号生态节点生态恢复工程前期工作，完成项目建议书编制工作，以点带面，先易后难，进一步推动"四带六廊"生态安全体系建设；推进大鹏半岛、田头山、铁岗—石岩湿地等自然保护区的建设，加强福田红树林自然保护区等滨海湿地保护与修复；开展全市裸露土地调查，全面掌握裸露土地数量及情况，鼓励各区对裸露山体、边坡、石料开采场等开展生态恢复和覆绿建设，全面修复裸露土地和危险边坡；强化水土保持全过程监管，积极推进全市饮用水源水库流域水土保持综合治理工程、水土保持综合治理工程建设。

（三）推动公园之城建设

印发实施《深圳市绿道网建设实施方案》，分解落实到各区、各单位。2010年起全市共建成绿道网总长约2400公里，绿道密度达到1.2公里/平方公里，形成了省立绿道—城市绿道—社区绿道的三级绿道网络体系，建设里程与密度在珠三角城市中名列前茅。在珠三角率先开展绿道立法工作，市政府颁布实施《深圳市绿道管理办法》，绿道网建设管理进入法制化、规范化程序。

建立"自然公园—城市公园—社区公园"三级公园体系，先后获得国家园林城市、国际"花园城市"、联合国环境保护"全球500佳"等荣誉称号；全面实施国家森林城市创建工作，成功举办了首届国际森林城市大会，启动打造"世界著名花城"三年行动计划。截至2016年底，全市公园总数达921个，"自然公园—城市公园—社区公园"三级公园体系进一步完善，功能多样、覆盖全面的"公园之城"基本形成。全市建设绿道2400公里，建设里程与密度在珠三角各城市中名列前茅。建成区绿化覆盖率45.1%，森林覆盖率40.92%，建成区绿地率39.2%，人均公园绿地面积16.45平方米，均在国内处于领先水平。

（四）加强湿地和自然保护区建设

目前，深圳市完成8个市级湿地公园的挂牌工作，并在华侨城湿地公园开始国家级湿地公园试点工作，推进坝光银叶树湿地园、红树林湿地博物馆建设，推进内伶仃岛—福田自然保护区功能区调整，科学调整大鹏半岛、铁岗石岩、田头山三个市级自然保护区总体规划，目前已基本完成规划修编。2016年，全市湿地保护率16.5%，湿地总面积为46832.74公顷，受保护湿地面积为 7732.44 公顷，其中国家级自然保护区 941.64 公顷、铁岗—石岩湿地市级自然保护区湿地及涵养林部分 2311 公顷、湿地公园 1172.3 公顷、水源保护区 3307.5 公顷。

对大鹏半岛、铁岗石岩、田头山三个市级自然保护区进行林业有害生物全面防治，薇甘菊防治面积达 30 万平方米。申请建立塘朗山野生桫椤及迁育仙湖苏铁、梧桐山桫椤谷、梅林山野生仙湖苏铁 3 个自然保护小区，开展仙湖苏铁育种、扩散种植及生长监测研究，并与 MCF、绿源环保协会、观鸟协会等 NGO 组织联合开展科研及宣教工作。

五　加强能力建设，提高监管水平

（一）提高环境监测监察水平

不断加强环境执法、环境监测水平，为强化环境质量监管、推动环境管理战略转型奠定基础，并提供保障。环境监测范围实现全覆盖，全市"6 + 4 + 1"行政区域监测点位数达到 900 余个；强化 20 个环境空气质量自动监测点位的 PM 2.5 监测，全市 AQI 的实时发布和联网上报；建立了全市河流"一周一测、一周一通报，两周一排名"机制。深圳市已实现对全市 2500 余家各类排污单位进行监督性监测，1200 多家污染排放企业开展污染源在线监测，对占全市排污量 80% 以上的重点污染源基本实现了有效监管，此外按时开展重点监控企业重金属、"菜篮子"基地监测、重点源扬尘监测、地下水等 27 项专项监测，对全市 40 家国控重点污染源自动监控专项执法检查工作；建立环境行政执法与环境刑事司法的有效衔接，会同市公安局制定并印发《关于做好环境污染犯罪案件联合调查和案件移送工作意见》，建立了三级对口联络机制，不断建立健全与商事登记制度改革相配套的环保审批监管制度体系。

（二）实施智慧环保工程

将 RFID（射频识别）技术和物联网技术应用于医疗废物转移管理，开发了医疗废物 RFID 管理系统，建立健全医疗废物转移智能化监控系统。将各危废运输车辆的 GPS 定位信号和智能视频监控整合到环境监控中心，大大提高了对危废转移过程的实时监管和反应能力；同时组织开发了基于安卓系统的新版电子联单移动端软件，完善危险废物电子联单管理系统。

将道路黑烟车视频监控系统与黑烟车环保社会监督员举报系统联网使用，经系统筛选、人工确认黑烟车转交警部门查处。利用 IT 技术、网络管理模式、多媒体信息应用、GIS、GPS 等技术，将其集合为一体，建立了深圳市电磁辐射智能监管系统，对电磁辐射源构建全过程全方位管理系统。

（三）构建环境预警应急体系

制订《深圳市突发环境污染事故应急预案》和《深圳市人居环境委员会突发环境事件应急预案》。目前已编制预案单位 800 多家，并组建了一支 56 人的环境应急预案评估专家队伍，对污染应急处置专业队伍开展了多次培训和演练；修订《深圳市环境空气质量异常预警工作方案》，编制《深圳市大气重污染应急预案》，建立大气重污染应急机制；开展沿海陆源溢油风险环境应急能力建设调查与环境风险源评估工作，建立陆源溢油风险源数据库。

第三节　改革创新典型探索

一　优化治水提质工作机制

（一）推进落实情况

一是专项工作组协同解决治水难题。7 个专项工作组已投入正常运作，加快解决立项、规划、环评、交通疏解、同步审计等方面的具体问题。治水提质取得初步成效，水环境质量得到大幅提升。深圳市委宣传部组织两轮集中宣传，突出问题导向，在全社会形成关心治水、监督治水、合力治水的良好氛围。深圳市发改委出台加快治水提质项目审批、创新政府投资项目管理方式等措施。市财政委优先保障治水资金，下达 93 亿元市级资金预算。深圳市规划国土委健全土地出让前征求水务部门排水意见的工作机制，有效解决先建设、后治理问题，现已就 149 宗出让地块和城市更新项目进行了衔接；起草了加快征地拆迁有关政策；优化了排水管网项目规划审批手续。深圳市交通运输委和市交警局收集分析管网建设计划，提前研判交通形势，研究制定交通疏解方案。深圳市人居环境委采取"按日连续处罚、限产停产、查封扣押、两法衔接、行政拘留"等硬手段，加强环保监管；以茅洲河为例，1—11 月出动执法人员 37079 人次，检查企业

16301 厂次，查处环保违法行为 467 宗。2016 年 9 月，流域内非法养殖全部完成清理，大幅削减面源污染。市、区审计部门联动跟踪纳入今年治水提质建设计划的所有项目，已对 179 个预（结）算审计事项进行审计，送审金额 42.84 亿元。深圳市监察局专门出台《关于开展治水提质监督检查的工作方案》，6 次与市治水办、审计局和 10 个区座谈掌握推进情况和存在问题，并赴宝安区、龙岗区、龙华新区现场监察。

二是市、区联动推进项目建设。深圳市建立市治水提质指挥部会议、市治水办会议、专题会议、联席会议等多级会议协调机制，定期召开会议协调解决问题，共同推动治水提质工程建设。如市治水办与宝安区治水办建立茅洲河流域治理联席会议制度，大问题"一周一协调"，小问题即时解决。

三是优化河道水环境工程管理体系。深圳市水务局会同市规土委联合印发《关于进一步优化河道整治工程审批服务的通知》，河道整治工程规划审批程序得到优化和简化，为项目落地奠定了基础。

四是创新水务工程建设管理模式。深圳市水务局贯彻落实强区放权改革要求，积极推动管理重心下移，将界河支流、跨区河支流及其他河流河道综合整治项目，防洪排涝项目，原特区外污水管网项目以及市管公共水土保持设施项目等水务工程项目的投资建设事权下放各区实施，充分调动各区积极性；积极转变职能，将原机关承担的具体建设管理事务下放事业单位，推动局机关由微观管理转变为宏观管理，由直接管理转变为间接管理，由"工程建设局"转变为"水行政管理局"，通过优化机构设置、开展建设原材料飞行检测和整治，推行污水管网全覆盖内窥镜检测等措施，集中精力抓好行业统筹和监管。

五是加强规划统筹和科技支撑，努力实现科学治水。深圳市水务局会同"两院"院士团队启动了"深圳水战略"编制工作，谋划水务长远发展。在深圳举办的广东省第二届院士论坛专设治水提质和海绵城市建设专题，把握治水先进理念和技术动态。北大、清华、中国水科院、中国电建、中国市政等 12 家国内一流机构，已完成全市六大流域综合治理方案。"引智借力"，积极引进新型治水技术，成功举办第十八届高交会治水提质主题展，鼓励本地水务企业加强研发，吸引国内一流水务人才、机构、企业落地深圳。

六是深化水土保持行政审批改革。实现评审分离，加强水保方案编制单位分类评价，大胆创新，推行水保设施备案制验收，与时俱进，及时修编水保方案编制指南。并获批成为首批国家水情教育基地，引导公众不断加深对全市水情的认识。

（二）改革实际成效

当前，深圳市高度重视与积极优化治水机制改革，各项改革举措加紧有序推进，总体进展较为顺利，部分改革举措已基本完成并发挥明显社会经济效益，创新探索受到国家、省领导或上级部门肯定。

一是工程建设提速提效。治水提质项目工程审批程序得到优化和简化，工程建设进度得到提效。2016 年 1—11 月，全市完成治水提质投资 73.58 亿元，与去年同期相比增长 125.43%。截至 2016 年 11 月底，年度安排的 461 个项目全部启动，其中，完工 61 个（投资约 40 亿元），在建 196 个（概算投资约 357 亿元），完成施工图审查 45 个，完成初步设计 30 个，完成科研 33 个，其他处于前期阶段。建成污水管网 778 公里，在建 1050 公里，准备进场施工 102 公里，施工图设计 240 公里，前期阶段 351 公里；大沙河、后海河已完成整治，长度 17.2 公里，57 条河道正在开展综合整治，长度 316 公里；建成区 36 条 45 段黑臭水体 43 段正在治理，2 段开展综合整治前期。经市区环保部门监测，17 段已不黑不臭；全力加快 14 座水质净化厂新扩建及 8 座污水厂提标改造，其中沙井厂二期软基处理完成 70% 工程量、松岗厂二期 BOT 招标；完成内涝点整治任务 90 个，完成入河排污口整治 576 个。

高度重视茅洲河流域治理。46 个河道、管网等项目打包实施，引进高水平"中央军"——中国电建采用 EPC 模式实施系统治理，坚决打赢茅洲河治理攻坚战。为进一步提速提效，深圳市治水办、宝安区政府与中国电建近日合力推动茅洲河综合整治"百日大会战"，各相关单位紧急动员，抢抓工期，以决战决胜姿态投入攻坚战。市治水办深化快速协调机制，及时召开会议协调管线迁改等建设环节"肠梗阻"；宝安区主动提供绿色通道、全天候、VIP 服务，强化快速联动，举全区之力攻坚突破；中国电建各标段纷纷组建突击队、先锋队，誓师动员，赶抢进度。截至 11 月底，茅洲河宝安片区 11 个标段已开工 34 个子项目，施工作业点 322 个，进场施工人员 8200 人、铺设污水管网 130 公里，其中单日铺设污水管网的强度已高达 3 公里，累计完成投资 26 亿元（含界河工程）。茅洲河治理上，示范带动东莞市按照"地方＋大企业"模式实施，东莞市目前正在对项目进行梳理。

二是创新河道管养机制。按照建管并重的原则，以茅洲河、龙岗河、观澜河、坪山河等四大干流河道管养为试点，采取购买服务的方式，实施管养分离，率先引入河道管养监理制，四河管养成效显著。目前，全市河流管养覆盖率已达到 80%，河道安全运行保障水平得到全面提升。

二　改革生态环境监管体制

（一）推进落实情况

深圳市人居委根据国家、省关于推行省以下环保机构监测监察执法垂直管理改革的要求，配合编办和上级部门做好相关工作。一是积极与环保部、省环保厅密切沟通，充分交流，争取支持。二是与市编办、财政委等部门保持密切联系，共同研究深圳市落实有关改革要求的思路。三是及时组织落实上级有关工作要求。2016 年 3 月 18 日，市人居委收到省环保厅转发环境保护部、中央编办、财政部《关于做好省以下环保机构监测监察执法垂直管理制度改革期间有关工作的通知》（粤环〔2016〕17 号），即严格按照要求暂停了机构编制、干部任免、人员调动和录用等工作，并于 4 月 6 日联合市编办、财政委印发了《深圳市人居环境委员会深圳市机构编制委员会办公室深圳市财政委员会关于做好省以下环保机构监测监察执法垂直管理制度改革期间有关工作的通知》（深人环〔2016〕145 号），就落实国家、省里的要求，向各区环保水务部门进行传达；4 月 18 日，市人居委召开了全市环保系统局长会议，特别强调了改革期间的组织人事纪律、财经纪律和有关党风廉政要求。目前，深圳市环保干部思想稳定，各项工作有序推进。

（二）改革总体进展

中共中央办公厅国务院办公厅发布实施《关于省以下环保机构监测监察执法垂直管理制度改革试点工作的指导意见》（中办发〔2016〕63 号）

后，深圳市立即组织有关机构和人员对文件精神进行了深入学习和研究，并推进相关工作。

（1）成立环保机构垂直管理改革领导小组。垂改办由综合组、机构人事组、财务资产组、监察执法组、监测组、审批组组成，专门从事垂改相关工作；同时，明确部分兼职人员，根据需要参与部分垂改工作。

（2）开展各项调研、摸底调查工作。对各区环保机构、编制、权责、人员情况、监测情况、监察执法情况进行了统计上报；组织市编办相关工作负责人、人居委环保机构垂直管理改革领导小组办公室成员共同赴沈阳、大连、杭州、宁波等具有丰富环保垂直管理经验的兄弟城市进行调研，并形成了《环保机构监测监察垂直管理制度改革调研报告》。

（3）暂停了机构编制、干部任免、人员调动和录用等工作。按照《关于做好省以下环保机构监测监察垂直管理制度改革期间的有关工作要求的通知》（环人事〔2016〕21号）的要求，暂停了机构编制、干部任免、人员调动和录用等工作，并就落实国家、省里的要求，向各区环保部门进行了传达；召开了全市环保系统局长会议，强调了改革期间的组织人事纪律、财经纪律和有关党风廉政要求。

（4）按照环保部、省环保厅的要求，严格人事工作纪律。自2016年2月以来，共处理福田区、南山区、宝安区、龙岗区、光明新区、大鹏新区机构、干部人事变动申请58宗，其中处级干部人事变动申请6宗。

（5）编制改革方案。在梳理国家和地方对环保机构垂直管理的各项制度要求基础上，对全市各区环保机构及有关部门实地调研，重点围绕市区职能分工、环境审批、监测、监察、执法等方面，系统梳理总结深圳市环保机构现状与当前存在的突出问题，收集借鉴国内外实行环保机构垂直管理制度的先进经验，编制了《深圳市环保监测监察执法垂直管理改革思路》，其中包括省、市环保机构管理模式3套方案，市、区环保机构管理模式3套方案，对不同方案进行利弊分析和可行性分析比较，并初步制定了相应配套改革措施方案，目前还在进一步完善及领导审阅过程中。

（6）人居环境委等部门以严格监管所有污染物排放为目标，推进生态环保监管执法体制优化调整。人居环境委机关按照编办批复，围绕改善环境质量的目标，对内设机构和职能设置进行了调整，并按"查管分离"模式优化了市环境监察支队的机构和职能。

（三）改革成效

2016 年以来，"查管分离"体制运行良好，成效初显。1—12 月，共出动 8340 人次，检查企业 2879 家。查管分离改革建议获得"我为广东省十三五环保工作献一策"活动中获得一等奖。

深圳市积极推进执法标准化、规范化建设，建立执法岗位责任制，完成处罚体制调整，深化"点菜式"执法，开展网格化管理，首创违法企业公开道歉承诺认罚从宽制度，环境执法监管的执法能力水平得到提高，严格惩戒与宣传教育的功能得到体现，执法规范性、针对性、有效性得到增强。2016 年，"点菜式"执法获得深圳市"党建杯"创新大赛"二等奖"，市环境监察支队被评为广东省环境保护工作先进集体。

三　查违体制机制创新

（一）推进落实情况

自 2009 年大部制改革后，深圳市逐步确立了"两级执法、多级管理、部门联动、共同责任"和"条块结合、以块为主"的查违新体制，成立了以市长为组长的全市查处违法建筑工作领导小组，连续出台《关于市、区规划土地执法监察队伍有关机构编制问题的通知》等 6 个文件，建立市、区、街道三级查违机构，实现了查违综合执法向专业执法的转变。深圳市在查违体制改革创新方面推进了一系列工作：

一是在查违体制方面。错位配置市区规划土地监察职能，着力强化市规划土地监察机构的政策制定、统筹协调、监督指导职责，突出基层具体执法职责。市规划土地监察机构除负责查处跨区或市委市政府以及上级主管部门交办的重大案件外，其他规划土地监察执法事权全部由各区（新区）承担；同时，为进一步精简行政执法层级，理顺执法体制，建立权责统一、权威高效的行政执法体制，区规划土地监察体制实行以区为主或街道为主的执法模式。

二是在法治建设方面。创新法治建设完善法制体系，执法规范化水平显著提高。修订出台《深圳经济特区规划土地监察条例》，丰富了执法手段，细化了公安部门协作配合机制，强化了执法监察执行操作程序。制定巡查、案件查处工作规范，实行违法案件项目库管理制度细化职责分工，执法标准和程序更加规范。坚持查事与查人相结合，创新完善了刑事司法衔接机制。

三是在执法员管理方面。深圳市对公务员分类管理改革率先进行探索，重点是从综合管理类职位中划分出行政执法类和专业技术类职位，规划土地监察机构公务人员大部分为行政执法类公务员，设7个职级，从高至低为一级执法员至七级执法员，各职级间没有上下级隶属关系，职级晋升与个人年功积累和工作业绩挂钩，其职级的设置不受机构规格限制。

（二）改革成效

自2009年大部制改革以来，深圳市在土地资源稀缺、房价高企、用地需求旺盛的客观条件下，全市大部分区域违建形势实现根本性好转，执法履职取得根本性突破。

全市查违队伍深入贯彻落实市委市政府关于查违工作的各项要求部署，克服长期以来查违工作任务重、难点多、压力大的实际困难，对95%以上的违法案件履行了法律程序和职责，做出了拆除、没收等决定，建立了详细的卷宗，依法履行职责到位率取得了突破，实现了查违工作由部门行为向政府行为转变、由综合执法向专业执法转变、由单一执法向协调联动转变、由传统执法向数字监察转变的"四大转变"。

全市违法建筑面积占比从2009年的49%下降至2015年底的42%；2010年以来年均新增违法建筑面积较2009年之前二十年年均违法建筑面积大幅下降60%；2010年以来违法用地年均下降27%、违法建筑年均下降12%；全市绝大部分区域实现根本性好转，查违总体趋势不断向好。

2012—2016年，全市共立案查处案件11940宗，其中重大案件487宗。拆除违法建筑650.55万平方米（待执行88.52万平方米），没收违法建筑2245.50万平方米（尚未明确接收单位的60.88万平方米），罚款涉及金额2.88亿元（待执行的罚款金额6494.71万元）。

2015年7月，全省土地管理工作会议在广州召开，会议通报了2014年度土地执法监察考核情况。深圳市2014年度违法用地大幅下降，查处整改效果显著，受到省政府通报表扬。盐田区连续十年违法用地零增量，获得土地执法监察考核奖一等奖。光明新区在治理违法违规用地专项行动中，成效显著，受到省政府通报表扬。2016 年 4 月，国土资源部曹卫星副部长一行到深圳调研国土资源执法监察工作，高度肯定了深圳市国土资源执法监察工作和规划土地数字监察平台建设所取得的成绩，认为深圳市国土资源管理工作有特色、有创新、有成效，为国土资源工作的现代化、常态化打下了基础，特别是数字监察平台"天地网"，走在全国前列，为执法监察现代化、立体化提供了典范。2016 年 6 月，全省土地管理工作会议召开，深圳市土地执法监察工作成绩突出，得到省政府主要领导的充分肯定，2016 年下半年以来，基本实现新增违法建筑"零增量"，盐田区获 2015 年度全省土地执法监察考核一等奖。

第七章　深圳生态文明试点示范建设情况

深圳市近年来在生态文明建设的一些重点领域和关键环节先行先试，并积极开展生态文明试点示范区建设，不断深化生态文明建设实践探索，开辟了具有深圳特色的生态文明建设新路径。

第一节　生态文明试点示范区建设

一　国家生态文明先行示范区建设

深圳市东部的盐田区和大鹏新区地理位置相邻、生态状况相近、功能定位相似、产业结构互补，依山傍海，自然禀赋优越，河流、海域水质及空气质量全市最好，是深圳的"生态基石"，共同构筑了珠三角地区重要的生态屏障。30多年来，深圳市委市政府一直对东部湾区实施严格的生态保护政策。盐田区和大鹏新区不断开拓创新、先行先试，取得了一系列在全国领先的生态文明建设成果，充分发挥了深圳市生态文明建设排头兵的作用。其中，盐田区2008年成为华南地区首个"国家生态区"；大鹏新区2014年6月被深圳市确定为全市生态文明体制改革试验区，2014年12月被环保部确定为全国生态文明建设试点。该区域走出了一条沿海经济发达城市"在保护中发展，在发展中保护"的新路，初步形成了经济质量、社会质量和生态质量同步提升的良好格局，奠定了生态文明建设的坚实基础。为深入贯彻党的十八大以来关于大力推进生态文明建设、加快生态文明制度建设的一系列战略决策，深圳市根据《国务院关于加快发展节能环

保产业的意见》（国发〔2013〕30号）精神和《关于请组织申报第二批
生态文明先行示范区的通知》（发改环资〔2015〕1447号）要求，将地理
位置相邻、生态系统特征相近的盐田区和大鹏新区联合组成东部湾区获批
第二批国家生态文明先行示范区，在重点领域开展制度创新和先行示范。

根据国家《关于开展第二批生态文明先行示范区建设的通知》（发改
环资〔2015〕3214号）要求，先行示范地区要按照中央《关于加快推进
生态文明建设的意见》《生态文明体制改革总体方案》的总体要求，以及
有关专项改革方案的要求，结合本地区实际和确定的制度建设重点，勇于
探索和创新，力争在生态文明制度创新上取得重大突破。深圳市东部湾区
（盐田区、大鹏新区）生态文明先行示范区的制度创新重点包括：探索建
立GEP（生态系统生产总值）核算体系，建设生态文明法治体系，建立资
源环境承载能力监测预警机制，建立生态文明建设社会行动体系。

为了推进生态文明先行示范区建设，深圳市发展改革委于2016年11
月印发了《深圳建设东部湾区（盐田区、大鹏新区）生态文明先行示范
区实施方案（2015—2020）》，提出将东部湾区打造成为生态保护与经济
发展共赢的先进湾区、全国生态文明制度创新引领区、城市资源节约集约
利用示范区，生态文明建设国际合作先行区的要求。确定了东部湾区生态
文明先行示范区的建设目标："到2020年，深圳东部湾区符合主体功能定
位的国土空间开发与保护格局基本形成，绿色发展卓有成效，资源循环利
用体系初步建立，资源利用更加高效，节能减排和碳强度指标下降幅度超
过上级政府下达的约束性指标，大气、水、土壤环境质量得到有效改善，
环境质量主要指标处于全国前列，生态文明成为社会主流价值观，生态文
明理念深入人心，覆盖全社会的生态文化体系基本建立，生态文明制度体
系基本完善"。明确了东部湾区生态文明建设七大重点任务：优化国土空
间开发格局、调整优化产业结构、节约循环高效利用资源、加大自然生态
系统和环境保护力度、推动绿色循环低碳发展、建立生态文化体系和加强
基础能力建设。此后，深圳市建立了统一协调、分工明确、运转高效的推
进机制，东部湾区生态文明先行示范区建设进展顺利。

（一）大鹏新区

大鹏新区对照国家关于生态文明先行示范区建设的"生态建设与环境

保护、经济发展质量、资源能源节约利用、生态文化培育、体制机制建设"五大类52项指标，制定了《大鹏新区生态文明先行示范区建设工作方案（2016—2020）》，共分解出85项重点工作任务，落实目标责任，明确任务分工、责任主体和时间要求，共21个相关责任单位参与其中。在此基础上，大鹏新区建立了生态文明先行示范区建设重点项目督查工作机制，动态把握新区生态文明先行示范区建设各项重点任务实施进展情况，确保生态文明先行示范区建设各项任务加快推进。具体而言，大鹏新区主要从以下几方面全面推进国家生态文明先行示范区建设。

一是实施环境综合整治。加快环境基础设施建设，深入实施治水提质行动，全面推进河流综合整治，实行海域污染综合防治，强化水环境、大气、噪声、危险化学品、垃圾等方面的污染防治，生态环境质量持续提升。

二是强化生态资源保护。加快大鹏半岛自然保护区和大鹏半岛生态廊道建设，保护重要动植物生境，开展林相改造，实施沿海防护林抚育补植等重点生态建设工程，严厉查处基本生态控制线内违法开发行为，继续保持违法建筑"零增量"。

三是不断改善人居环境。实施"宜居家园"建设和环境整治提升工程，试点建设"生态社区"，有序推进城市更新，优化公共交通网络系统，实施生活垃圾全过程管理，25个社区全部获评广东省四星级以上宜居社区。

四是大力优化经济结构。编制《大鹏新区产业导向目录》，对战略性新兴产业、科技创新、转型升级、旅游业等产业进行扶持；挖掘旅游资源新优势，打造新区户外旅游品牌，创建全域旅游试验区；加快推进深圳国际生物谷坝光核心启动区建设，搭建"国家自主创新示范区"创新服务平台，加快生物、海洋等产业发展要素聚集，建设高标准战略性新兴产业发展片区；设立循环经济与节能减排专项资金，开展企业强制性清洁生产审核，全面推进清洁生产、循环发展模式。

五是积极培育生态文化。开展形式多样的生态文化宣传教育推广活动，打造"潜爱大鹏"系列海洋环保教育品牌；印发实施《活力大鹏：优秀社会组织引入计划实施方案》，培育生态文明社会组织；打造新区品牌特色村，推进生态文化载体建设；加强节能环保政策引导，推进能源改造项目，倡导环境友好型的生活方式。

六是加快推进生态文明体制改革。大鹏新区除积极对标国家《生态文明体制改革总体方案》，还新增"建立自然岸线保护制度"等体现大鹏特色的 6 个改革项目。目前，37 个生态文明体制改革项目顺利推进，其中 4 项改革措施已落地实施，10 项改革取得了阶段性进展。其中改革亮点包括：编制完成大鹏半岛自然资源资产负债表，上线运行全国首个"自然资源资产数据库管理系统"，连续三年核算自然资源资产价值并编制自然资源资产负债表，走在全国前列；建立领导干部离任生态和环保责任终身追究制度，成为全国首例针对领导干部颁布自然资源资产管理履职情况制定的任期生态审计制度。以大鹏新区自然资源资产负债表为主要依据，科学评价领导干部在任期间自然资源资产开发、利用和保护履责状况。2016 年完成了对生态保护和城市建设局、经济服务局原主要领导的自然资源资产离任审计工作；探索设立大鹏半岛生态文明建设公益基金，由专项基金和慈善信托两部分组成。其中，专项基金用于接收社会捐赠；慈善信托用于接收政府资金。2018 年 1 月，该基金正式运作，2018 年 5 月，《大鹏半岛生态文明建设公益基金管理办法》出台，成为全国首家由政府委托慈善机构受托的慈善信托，以及首个由社会捐赠的专项基金和慈善信托两部分组成的公益基金。

截至 2017 年上半年，大鹏新区生态文明先行示范区建设重点任务中 70 项任务按计划正常推进，整体创建工作进展良好。大鹏新区空气质量综合指数为 2.99，保持全市排名第一。空气优良率为 98.3%，PM 2.5 平均浓度为 25 微克/立方米，与盐田区、福田区并列全市第一；自然生态环境总体良好，森林覆盖率稳定保持在 76% 左右；自然岸线保有率保持在 71%；人均绿地面积达到 28.28 平方米，远高于全市 16.91 平方米的平均水平；污水集中处理率从成立之初的不到 10% 提升到 75% 以上。

（二）盐田区

按照《深圳建设东部湾区（盐田区、大鹏新区）生态文明先行示范区实施方案（2015—2020）》部署，2016 年 1 月 29 日，盐田区委区政府以一号文的形式出台《关于加快建设国家生态文明先行示范区的决定》（以下简称《决定》）及其配套方案《盐田区国家生态文明先行示范区建设行动方案》。《决定》确立了国土空间开发格局不断优化、现代绿色产业体系粗具规模、资源集约节约利用更加高效、生态环境质量稳中有升、生态文明制度体系全面构建、全民参与格局初步形成等六大发展目标，力争到2020年形成辖区生态文明建设"十大标志性亮点"，包括建成国内首个国际生态安全示范港、空气优良天数保持在每年355天以上、辖区垃圾焚烧处理量持续下降、率先建立国内首个城市GEP核算地方标准、率先实现公共场所、居民小区直饮水全覆盖等，建成"美丽中国"典范城区。《盐田区国家生态文明先行示范区建设行动方案》从优化国土空间开发格局、优化产业结构、节约利用资源、加大生态环境保护力度、推动绿色循环低碳发展、建立生态文化体系、加强基础能力建设七方面，将政府的整体任务分36个子项来分步实施，计划5年内投入300多亿元全面实施36项先行示范区重点项目的建设。

盐田区除了推进常规的生态文明建设工作以外，其多项体制机制创新成果在全市乃至全国起到领先示范作用。

一是创新构建城市GEP核算体系和GDP、GEP双轨运行机制。盐田区立足城市生态系统特点，在传统的自然生态系统生产总值核算基础上，增加了人居环境生态系统生产总值核算，包括水、气、声、渣、节能减排、环境健康等价值，在全国率先建立并发布了城市GEP核算体系。编制形成了城市GEP核算技术规范，研发了盐田城市GEP核算平台，实现了城市GEP核算的电算化和自动化，建立了城市GEP常态化核算机制。此外，还建立了城市GEP与GDP双核算、双运行、双提升工作机制，着力推进城市GEP进规划、进项目、进决策、进考核，把城市GEP提升为与GDP同等重要的指挥棒。"城市GEP核算体系及运用"项目荣获第八届中国政府创新最佳实践奖，并已在河北围场满族蒙古族自治州、深圳市大鹏新区等地复制推广。2013年至2016年辖区GDP分别达到408.51亿元、450.23亿元、486.44亿元、537.68亿元，年均增幅10%，GEP分别达到1036.9亿元、1066.8亿元、1088.5亿元、1092亿元，年均增幅2%，实现了GDP与GEP的双提升。

二是探索构建"碳币"体系。盐田区借鉴碳排放交易的理念，探索制订盐田区"碳币"体系及实施细则，并引入第三方机构进行社会化运营管理，对社区、家庭、学校和企业组织开展的具体生态文明建设行为进行"碳币"结算，进一步提高全社会生态文明价值理念，提升绿色生产方式和消费方式，树立绿色生活典范，全面提升全民生态文明意识水平，全面形成生态文明"人人参与、人人行动、人人享有"的新格局。为了保障生态文明公众平台和"碳币"体系的建立和正常运营，盐田区还设置碳币专项资金，每年投入1000万专项资金，以"碳币"形式激发公众生态文明获得感，并筹备成立生态文明基金会，由区政府投入启动资金，并采用众筹方式吸引社会参与。自2016年9月28日上线以来，碳币服务平台运行良好，截至2018年5月，平台注册用户总数达到14.3万人，共组织发起905场生态文明活动，累计发放碳币8836万。

三是启动生态文明全民行动计划。盐田区在国内率先出台《盐田区生态文明建设全民行动计划》，旨在充分调动全民参与生态文明建设的积极性，提升全社会的生态文明理念和素质。全民行动计划将全社会的生态文明建设行动分为六大块，分别是政府行动、社区行动、家庭行动、学校行动、企业行动、其他机构和组织行动。例如，生态文明政府行动包括构建生态文明公众平台、推进生态文明行动、树立生态文明典型、深化绿色创建；生态文明社区行动包括推动垃圾减量分类、优化社区居住环境、建设社区生态文明基地、实施社区宣教益民；生态文明家庭行动包括倡导家庭绿色消费、倡导绿色出行、创建生态文明家庭等。它以家庭、学校、企业和社区为基础单元，以"碳币"作为考核依据，制定社区、学校、家庭等主题的生态文明建设评级标准，对各主体的生态文明建设情况进行评比，改变了以往硬性约束转为参与主体自主参与的方式。通过市场方式来引导全民参与，调动全社会的积极性，目的是以政府的"有形之手"和社会的"无形之手"，倡导和践行绿色生产方式和绿色消费方式，共同推进盐田区生态文明建设。同时，全民行动计划也与现有的"文明达人""环保达人""新盐田好市民"全民素质提升行动等文明创建活动互融互通，良性互动，形成倡导绿色生活、全民参与的盐田特色模式。

二　国家生态文明建设示范市创建

深圳市作为改革开放的"排头兵"和"试验田",是全国较早提出"生态立市"战略的城市,凸显了深圳在生态文明建设的自觉意识。早在2006年,深圳市就印发实施了《深圳生态市建设规划》;2007年又以一号文件印发了《关于加强环境保护建设生态市的决定》,正式确定了"生态立市"城市发展战略;2008年率先出台了《深圳生态文明建设行动纲领(2008—2010)》和九个配套文件及生态文明建设系列工程,指导全市生态文明建设;2014年深圳市出台了《关于推进生态文明、建设美丽深圳的决定》(深发〔2014〕4号)及其实施方案,明确了深圳市建设国家生态文明建设示范市、"美丽中国"典范城市的奋斗目标。2015年5月,广东省委副书记、深圳市委书记马兴瑞和市长许勤向环保部部长陈吉宁汇报了深圳生态环境保护与建设情况,双方议定:深圳将在环保部的指导下率先开展生态文明建设示范市的创建工作,以创建为载体加快推进全市生态文明建设,争取在2020年创建成为国家生态文明建设示范市。2017年7月,深圳市政府六届八十六次常务会议审议并原则通过了《深圳市生态文明建设规划(2017—2020年)》,该规划是引领深圳生态文明建设和绿色发展的指导性文件,是绿色转型发展、资源利用及生态环境保护、可持续发展的重要依据。根据该规划,深圳将通过加快绿色发展,逐步实现国土空间布局合理、发展模式绿色高效、绿色科技应用广泛、生态环境优美宜居、生活方式低碳节约等,达到国家生态文明建设示范市要求。

深圳经过多年生态文明建设实践,初步探索出一条特色鲜明、富有成效的生态文明创建之路。

(一)高效的生态文明建设制度机制

深圳市逐步形成了政府主导、市场驱动、社会广泛参与的生态文明建设工作机制。一是强有力的推进机制。从2012年起,全市层面召开环境形势分析会,建立了推进生态文明建设的决策平台;从2005年起,建立了治污保洁工程推进平台;从2007年起,建立生态文明建设考核平台,直接对党政一把手考核的生态文明建设进行考核。二是高效的市场机制。深圳在全国率先开展碳排放交易试点,推行公共领域合同能源管理。深入推进环境污染责任保险制度，全市环境污染责任保险覆盖面位居全省之首。三是强化法治保障。发挥特区立法权优势，先后出台绿色建筑、环境噪声污染防治等十多部法规，形成了一整套促进绿色发展的法规体系。强烈的生态自觉意识和高效的制度机制，让深圳在生态文明建设上有了强有力的支撑，在多个领域走在全省，乃至全国前列。

（二）持之以恒的生态治理模式

深圳市委、市政府于 2004 年成立治污保洁工程领导小组，2005 年全面部署实施治污保洁工作。十余年来，深圳治污保洁工程共实施任务 1450 项，累计完成投资 557.25 亿元，其中：开展水环境综合整治项目 547 项，新改扩建污水处理厂 25 座，新增污水配套管网 1400 公里，深圳市主要河流水质改善明显；饮用水源整治 77 项，集中式饮用水源水质达标率保持100%，城市饮用水和供水安全得到有效保障；大气污染防治 254 项，空气综合污染指数持续保持低位水平，灰霾天数和 PM 2.5 年均浓度持续降低；噪声治理项目 29 项，区域环境噪声达标率提高了 0.9%，交通噪声达标率提高了 16.5%；固体废弃物治理 110 项，建成无害化处理设施 10 座，生活垃圾无害化处理率 100%，固废综合利用率持续保持上升趋势；生态修复与建设项目 135 项，建成 2400 公里绿道，总长和密度居珠三角城市首位，公园总数达到 911 个，是全国公园最多的城市，园林绿化水平显著提高。

深圳近年来贯彻落实国家出台的"大气十条""水十条"，大力实施大气环境、水环境、绿化美化三大提升行动，出台了深圳大气质量提升 40条、水环境治理 40 条、环境基础设施提升改造方案等系列措施，相关具体任务均整合纳入治污保洁平台推动实施。

深圳"十三五"期间将投入超过 800 亿元治理水环境，全力打好治水提质攻坚战，到 2020 年使跨界河流交接断面水质达到国家、广东省考核要求，同时力争到 2020 年前后实现 PM 2.5 浓度低于 25 微克/立方米，达到欧盟标准。

（三）蓬勃发展的绿色经济

深圳多年来不遗余力地推动产业结构转型升级，致力于以更少的资源能源消耗和更低的环境代价实现更高质量、更可持续的发展，绿色低碳产业生机勃勃。2010 年，深圳实施低碳发展中长期 10 年规划，制定了低碳城市发展的指标体系，明确提出到 2020 年万元 GDP 二氧化碳的排放在过去 5 年已经下降 22% 的基础上再下降 10% 以上，清洁能源占能源消费的比重达到 60% 以上，建成国家低碳发展先进城市。出台《加快经济发展方式转变促进条例》《循环经济促进条例》等十多部法规，形成了一整套促进绿色发展的法规体系。此外，坚持紧凑型的城市规划，组团式的布局和低冲击的开发，把全市 50% 的面积划为生态保护区，构筑起安全的低碳城市体系。"十二五"期间，深圳市在保持经济中高速增长的同时，万元 GDP 的能耗、水耗累计分别下降 19.5% 和 44.7%。化学需氧量、氨氮、二氧化硫和氮氧化物的排放累计分别下降 45.8%、37%、43.5% 和 23.8%。

作为国家创新型城市和自主创新示范区，深圳着力将创新作为城市发展的主导战略，持续推进产业转型升级，构建低消耗、低排放的现代产业体系。"十二五"期间累计淘汰低端落后企业 1 万多家。2015 年，深圳市的生物、互联网、新能源、新材料、新一代信息技术、文化创意、节能环保等七大战略性新兴产业增加值 7003.48 亿元，增长 16.1%，占全市 GDP 比重 40.0%，成为全国战略新兴产业规模最大、聚集性最强的城市。

深圳在全国率先开展碳排放权交易，目前深圳的碳交易市场已经成为中国碳交易最活跃的市场之一，成交量累计超过 364 万吨，金额突破 1.8 亿元。深圳也是全国新能源汽车应用规模最大的城市，2017 年全市公交车全部使用新能源汽车，同时大力鼓励私人购买新能源汽车。

（四）逐步深化的生态细胞创建

深圳市不断深化生态创建内涵，生态细胞创建工作主体逐步由市、区级延伸到街道、工业园、旅游区等各个层面。形成了以市、区创建为主体，"细胞工程"创建为补充的工作格局。福田区、罗湖区、盐田区、南山区被评为"国家生态区"，龙岗区被评为"国家级生态示范区"。建成东部华侨城和欢乐海岸"国家生态旅游示范区"，以及 10 个"深圳市生态工业园区"、49 个"深圳市生态街道"。截至 2018 年 4 月，全市 60 个社区获评广东省四星级宜居社区，8 个社区获评广东省五星级宜居社区，是全省唯一一个获评五星级宜居社区的城市。5 个项目获评中国人居环境范例奖，22 个项目获评广东省宜居环境范例奖。深圳东部湾区（大鹏新区和盐田区联合）于 2016 年进入国家生态文明建设先行示范区大名单（第二批）。大鹏新区作为我国为数不多的非行政区被环保部破格列入生态文明建设试点地区，福田区、盐田区、龙岗区等均积极创建国家生态文明建设示范区，2017 年 9 月盐田区成为第一批国家生态文明建设示范市（县）。

随着生态文明创建的逐步深入，深圳市生态文明建设水平日益提高。对照《国家生态文明建设示范县、市指标（试行）》和《国家生态文明建设示范区管理规程（试行）》要求，逐一对深圳市国家生态文明示范市建设指标体系共计九大方面 35 项指标的完成情况进行评估。截至 2016 年，35 项指标中，已达标指标 25 项，占比 71.4%。未来深圳将以更大力度、更实举措、更高质量践行生态文明、绿色发展理念，争当生态文明新时代排头兵。

三　国家级海洋生态文明建设示范区

大鹏新区陆域面积 302 平方公里，海域面积 305 平方公里，2017 年常住人口 14.61 万人，属于深圳的生态湾区。大鹏新区成立后始终把生态保护放在突出位置，在有限的财力条件下优先安排资金投入生态文明建设，2017 年空气平均 PM 2.5 为 25 微克/立方米，东西涌海岸线被《中国国家地理》杂志评为"中国最美八大海岸"之一，辖区一类以上海水水质占比 85%，二类以上水质占比 100%。大鹏新区始终坚持走绿色、循环、低碳发展之路，重点发展滨海旅游、生物产业、海洋产业，已形成以海洋生物、游艇会展和清洁能源为主导的海洋产业体系，实现了"两升三降"，在工业企业大幅下降的基础上保持了 GDP 的正增长。

鉴于大鹏新区的良好基础以及其在海洋生态保护方面的主动作为，按照《关于开展"海洋生态文明示范区"建设工作的意见》（国海发〔2012〕3 号）和《海洋生态文明示范区建设管理暂行办法》（国海发〔2012〕44 号）等文件要求，在省级海洋行政主管部门甄选推荐、国家级海洋生态文明示范区评审委员会评审基础上，2015 年 12 月，深圳市大鹏新区被列为第二批国家级海洋生态文明建设示范区。

大鹏新区国家级海洋生态文明建设示范区的总体目标是：到 2020 年，海洋生态文明建设水平全面提升，海洋生态环境质量显著改善，海洋管理和海洋资源利用取得明显突破，生态文明理念深入人心。到 2025 年，形成"五位一体"全面发展的良好局面，海洋环境保护和海域集约节约利用并举，生态适宜型海洋产业体系全面建立，海洋生态文化繁荣，海洋生态文明管理体制机制基本完善。具体目标包括：

一是绿色经济发展成效显著。海洋产业增加值占地区生产总值比重超过 80%，海洋战略性新兴产业快速发展，海洋高端装备制造、海洋生物医药等新兴产业的增加值占全区海洋产业增加值的比重超过 20%。海洋服务业增加值占海洋产业增加值的比重达 50%。

二是海洋资源能源节约利用水平显著提高。单位海岸线海洋产业增加值大幅提升，达到 2 亿元/千米，2016 年，单位 GDP 能耗在 2014 年基础上下降 10%，大力提高海域养殖能力，开放式养殖用海占养殖用海面积比重不低于 80%。

三是海洋生态环境质量全国领先。推动海洋保护区及申报建设工作，海洋保护区面积占管理海域的面积比例达到 40%，近岸海域修复工作逐步开展，修复率不低于 10%。

四是海洋文化体系特色彰显。广泛开展海洋文化宣传工作，文化事业投入占财政总支出的比重增加至 10%。逐步提高海洋科研投入，海洋科技投入占新区海洋产业增加值的比重不低于 10%。新建或引入两所海洋教育机构。

五是海洋生态文明体制机制全面构建。体现海洋生态文明建设要求的自然资源资产产权和用途管制制度、生态补偿制度、干部考核制度和生态环境监管体制等体制机制全面建立，海洋生态文明制度体系基本形成。

按照《海洋生态文明示范区建设管理暂行办法》，大鹏新区编制了《大鹏新区国家级海洋生态文明示范区建设规划》，明确了大鹏新区国家级海洋生态文明示范区建设七大任务：健全海洋规划体系，加强规划统筹力度；优化配置海洋资源，完善海洋管理机制；开展海洋环境治理，全面提升环境质量；推进海洋生态修复，深化生态文明建设；建立海洋监视监测体系，提供综合保障能力；加大政策创新，提高海洋管理的法制化水平；

加强海洋生态文明宣传教育。

近几年来，大鹏新区突出创新、示范引领，突出海洋优势特色，合理布局海洋资源开发与利用，积极探索海洋生态文明示范区建设在规划实施、制度建设、投入机制、科技支撑等方面的经验。在深化实施方面，主要开展以下几方面工作：

一是创新海陆统筹机制，强化海洋生态保护。

大鹏新区按照陆海统筹、以海定陆的思路，将河流流域与海湾环境综合治理结合起来，加强入海污染物总量控制与目标考核。全面加强海洋环境污染防治，着力加强陆源污染的管控，强力推进污水管网建设。截至2016年，污水管网主干管完成率达98.5%，污水集中处理率从2015年的50%左右提升到2016年的86.6%。开展了海洋生态保护与修复，实施海岸带生态资源普查，科学划定海岸带综合管理区，对生态脆弱敏感地区进行生态修复，加强对珍稀物种、重要生物栖息地等的保护，划定海洋生态红线，实施海洋红线区常态化监测与监管，严厉打击非法捕捞。在海上划定了珊瑚保育区，对四大珊瑚礁群进行普查并制订科学的人工修复计划，对珊瑚资源有针对性地进行增殖保育和促进再生。2014—2016年连续三年共投放人工生态礁20余座，投放人工珊瑚苗3000余株。

二是积极推动渔业转型升级，加快海洋产业发展。

为了促进渔业产业结构优化调整，实现渔业可持续发展，大鹏新区大力宣传减船转产政策，积极引导渔民转产转业。根据上级要求，2015—2019年大鹏新区减船任务为68艘，功率为1271千瓦。同时，为了提高渔民参与转船的积极性，大鹏新区拟将在册560艘渔船一次性列入减船计划，按8000元/千瓦的补贴标准给予补贴，预计垫资8000万元。此举将有效修复新区海洋生态环境，推动渔民转产转业。此外，依托广东海洋大学等科研院校和国家、省重大科技攻关项目，发展海洋科研、海洋生物和海洋医药等产业，加快推进水头—龙岐湾—新大海洋产业基地建设，打造海洋新兴产业研发孵化基地，筹建国家级海洋公园。海洋生物产业园企业由2013年初的10家增至2017年的55家，驻园企业从业人员600余人，其中院士团队3个、院士工作站2个、入驻高校5家、省级工程技术中心及重点实验室5个；各类研究所、实验室、产学研示范基地10余个；海外留学归国人员 40 余人、博士以上学历人员 30 余人；有国家高新企业 3 家，承担国家、省、市科研项目 20 多个。驻园企业 2016 年全年产值约 3.4 亿。

三是推进海洋生态文明建设体制机制，创新生态补偿机制。

大鹏新区深入实施了《大鹏半岛生态文明体制改革总体方案（2015—2020 年）》，积极推进海洋生态文明建设体制机制创新，以健全完善海洋自然资源资产产权、用途管制、开发利用和海洋生态环境保护等为重点，推进海洋资源统一保护和管理；开展海岸带承载力、沙滩资源管理办法、海洋生态补偿机制等海洋生态文明专题研究；探索建立辖区海洋资源环境承载力预警指标体系，及时发布海洋生态环境气象预报和预警信息。其中"大鹏新区海洋生态保护补偿办法"研究 2017 年正式开展，通过对大鹏海洋生态保护与开发利用现状调查分析，调查与测算海洋生态保护资金需求，研究海洋生态保护补偿资金分配系数，起草大鹏新区海洋生态保护补偿管理办法等。海洋生态保护补偿作为一项创新的环境经济政策，将强化大鹏新区海洋生态文明建设的制度体系，探索海洋生态补偿的大鹏模式，成为全国率先正式实施海洋生态保护补偿制度的典范。

四是大力培育海洋生态文化，创新生态保护全社会参与机制。

大鹏新区加快广东海洋大学深圳研究院等一流高等海洋特色院校建设，建设海洋特色生态文化园，开展对市民海洋生态文明的专题宣传与推广；将海洋生态文明教育纳入素质教育内容，加强领导干部海洋生态文明教育等。积极扶持民间海洋公益机构参与海洋生态保护，支持组建了"大鹏新区珊瑚保育志愿联合会"，获得了"全国海洋意识教育基地"的称号；并以本地渔村世代相传的渔家海洋认知为基础，构建了海洋生态体验课程，激发了渔村对海洋生态恢复的良性互动；"潜爱大鹏"珊瑚保育计划也有效地引起各大企业和基金会的认同和参与，"潜爱大鹏"通过和万科公益基金会的合作，在 2017 大鹏新年马拉松期间，在线上和线下激发了 80 万人参与赞助珊瑚保育活动，在腾讯平台共捐步 120 亿步，募集资金 101 万元。2017 年 3 月，"潜爱大鹏"珊瑚保育项目更是被阿拉善 SEE 基金会纳入环保资助核心项目"劲草同行"，激发了阿拉善平台众多有爱心的企业家的关注。中央电视台新闻频道以同名纪录片的形式，对"潜爱大鹏"进行了正面报道，引起了广泛的社会影响。

五是着力提升海洋监测能力，创新海洋环境监测评价机制。

大鹏新区目前共设置了 8 个在线自动监测浮标、2 对高频地波雷达，实现了深圳东部海域海洋环境立体观测体系建设。现正推进深圳市、大鹏新区共建东部海洋监测站，现已完成数据专线接通、实验室设备补充及生态浮标在线监测系统接入等工作，建成后将大大提升新区海洋环境观测、监测和预警报能力，为海洋防灾减灾和海洋生态文明建设提供良好的技术支撑。

四　国家低碳生态示范城市建设

2010 年初，国家住房和城乡建设部与深圳市政府签署了框架协议，共建全国第一个"国家低碳生态示范市"，并将深圳的光明新区和坪山新区列为"国家低碳生态示范区"，旨在推进低碳生态城市的理论探索、技术应用及示范建设。根据协议，住房和城乡建设部与深圳市合作，重点探索在城市发展转型和南方气候条件下的"渐进常态化"低碳生态城市的规划建设模式，将深圳市逐步建设成为全国乃至世界发展低碳生态城市的典范。住房和城乡建设部支持将国家低碳生态城市建设的最新政策和技术标准优先在深圳试验，引导相关项目优先落户深圳，并总结经验，向全国推广。深圳负责承接国家低碳生态城市建设的政策技术标准和示范任务，以光明新区、坪山新区等地区为试点，建设绿色交通、绿色市政、绿色建筑、低冲击开发模式、可再生能源等各类示范项目。

深圳市建设国家低碳生态示范市主要贯彻了以下四个原则：

一是在主体上：政府引领，全民参与。发挥政府在意识统一、资源凝聚和示范引领等方面的优势，同时充分调动市场的积极性，强调全民参与，以政府的"有形之手"和社会的"无形之手"来共同推进深圳低碳生态示范市建设。

二是在机制上：规划先导，统筹推进。高度重视低碳生态示范市建设的源头决定性和内部关联性，充分发挥规划的先导和统筹作用，有计划有步骤地安排各项任务和行动。

三是在方法上：自主创新，因地制宜。立足深圳亚热带海洋气候特征明显、人口稠密、自主创新能力强、生态环境压力大的实际，找准定位、强化风格，兼顾成本与效益的平衡，加强适宜技术的自主研发和应用，探索中国南方高度城市化地区低碳生态城市建设的本土化模式。

四是在路径上：加强合作，全程优化。加强多部门、多专业、多学科之间的合作，在城市规划、建设、管理、更新等各个阶段，全过程贯彻落实低碳生态城市的理念和技术要求，探索全生命周期的低碳生态城市建设路径。

深圳市按照政府引领、统筹推进、自主创新、因地制宜、加强合作、全程优化的总体思路，重点在规划、交通、建筑、生态环境、水资源利用、固体废弃物利用、产业和能源八大领域开展实践工作，探索中国高密度城镇化地区低碳城市建设的模式。不论宏观层面的整体推进，包括发展绿色交通、战略性新兴产业、实施建筑节能与绿色建筑、加强土地集约节约利用等，还是微观层面的试点工作，深圳的低碳生态建设都取得了卓越的成绩。深圳在体制机制创新、技术支撑、政策保障、试点示范等方面做出了一些有益尝试，这些尝试有力推动了深圳创建国家低碳生态城市的进程。

（一）体制机制创新

深圳市低碳生态城市建设工作中的体制机制创新主要包括两个维度，一是纵向上建立起的部市合作机制，二是横向上建立起的基于部门事权的交流协作机制。

纵向维度：深圳市与住房建设部建立起的部市合作机制主要以双方共同成立的部市低碳生态示范市建设工作协调委员会为制度载体来推行纵向上的合作。工作协调委员会定期组织召开部市领导联席会议，听取深圳国家低碳生态示范市的建设情况，及时应对建设过程中遇到的问题。协调委员会主任由国家住房建设部与深圳市政府领导担任，并制定专门的部门来负责具体工作。

横向维度：2011年1月，深圳市印发了《住房和城乡建设部与深圳市人民政府共建国家低碳生态示范市工作方案》，明确了低碳生态示范市建设的目标和任务，根据各主管部门工作职能和事权将工作任务进行分解，形成了市规划国土委牵头，人居环境委、交通运输委、住建局、水务局和城管局积极配合的统筹协调机制。对于每一项具体的工作任务，都确定了牵头部门和协办部门；并召开了全市动员大会，对全市重点工作进行了部署。通过这种方式建立起了各部门间交流协作机制，提高了工作的系统性和协调性。

此外，深圳市还建立了低碳生态城市建设定期评估制度。为了更好地做好低碳生态城市建设工作，深圳市于 2011 年就全面开展了低碳生态城市建设评估制度构建，确定了评估的模式、基本原则、内容框架、组织方式等，定期进行总结评估，评估成果以深圳创建国家低碳生态示范市白皮书形式向社会公开发布，引导社会参与。

（二）强化规划整合与统筹

深圳市积极推动各项研究和政策制定，规划编制方面，共编制低碳发展、城市建设、建筑节能、绿道建设、生态环境保护等相关规划 20 余项，明确了创建工作的重点方向。政策制定方面，不断健全有利于低碳生态发展和城市转型的政策法规体系，出台相关政策性文件近 30 项，为低碳发展营造了良好的环境。不断加强各项规划的衔接，加快实现国民经济和社会发展规划、城市总体规划和土地利用总体规划的"三规统一"，切实提高规划的统筹协调能力，充分发挥规划对城市各项功能的引导和控制作用；进一步完善深圳的城市空间结构，推行公交导向、多元混合的土地开发利用模式；在城市更新中倡导以综合整治为主的旧区"柔性"改造，避免大拆大建；在城市规划设计中更加注重人性化和精细化，推行微循环、微能源、微冲击、微更生、微交通、微创业、微绿地、微调控的"八微工程"。

伴随着《深圳市城市规划标准与准则》（2014）、《落实低碳生态目标的法定图则和城市更新单元规划编制指引》的出台，《深圳市绿色城市规划设计导则》《深圳市绿色住区规划设计导则》《深圳市绿色建筑设计导则》三大绿色设计导则的颁布，以及《深圳低碳生态示范市建设评级指引》《深圳低碳生态城市指标体系》等的制定，深圳市自上而下的低碳生态规划建设管控体系与自下而上的低碳生态建设评级指引系统已日渐完善。

（三）技术手段创新

深圳市积极推进技术创新和标准制定工作。低碳生态城市指标体系和一系列的技术标准是深圳建设低碳生态示范市的有力技术手段。积极参与国家低碳生态城市建设的标准制定，吸收借鉴发达地区和先进城市的经验，结合深圳市试点经验和地域特点，开发低碳适宜技术，构建国内领先、体现南方亚热带气候特点的技术标准和规范体系，形成了一套有据可依的技术支撑体系。通过指标体系的确立和相关技术标准的颁布实施，在操作层面有效地指导了低碳产业、公共交通、绿色建筑、资源利用等领域的规划与建设，有力推进了低碳生态城市建设工作。

深圳市加快开展各类基础性研究工作，已完成相关基础研究项目约30项，内容涵盖指标体系构建、物理环境优化、低冲击开发等方面，为低碳生态建设提供了技术支撑。具体包括：加强深圳市碳源、碳汇研究，构建可跟踪监测和评估的低碳生态城市指标体系；开展城市自然通风、日照标准等研究，制定全市日照、水耗和风环境分区图，强化城市热岛监测；开展"城市低影响开发雨水技术应用与效果评价""低影响开发雨水系统研究示范与评估课题"以及"基于低碳导向的规划方法与实践应用研究"等低碳城市空间技术研究；开展太阳能、风能资源调查，推进建筑节能、太阳能建筑光伏一体化、环保与资源综合利用、节水和再生水利用、智能交通系统、信息基础设施等关键领域的科技创新等。

深圳市还建立了高水平的技术交流平台。加强与国内外先进城市和地区的技术交流和项目合作，进一步拓宽国际视野。连续组织召开五届深圳国际低碳城论坛，由住房和城乡建设部和深圳市人民政府共同主办，论坛规格日益提升，现已成为国内外具有重要影响力的低碳生态城市建设理论和实践的交流平台。

（四）典型示范、试点带动

深圳低碳生态建设正在大规模地展开，将光明新区和坪山新区作为全市低碳生态建设的"先行示范区"，发挥其示范带头作用，部分示范项目建设已经初见成效，部分示范区已编制低碳生态评价指标体系，已形成以市政府为主要力量，各区积极响应的良好建设态势。同时，引进了一些绿色交通、绿色建筑、低冲击开发模式等不同类型的具体项目，先行探索，通过试点示范带动低碳生态城市建设。

　　光明新区以共建国家低碳生态示范市为契机，充分利用绿色建筑示范区和低冲击开发雨水综合利用示范区两个平台，坚持以"绿色规划"引领绿色新城建设，以"绿色市政交通"构建绿色新城骨架，以"绿色建筑"打造绿色新城形象，以"绿色产业"保障绿色新城经济增长，严格节约集约用地，强化节能减排，持续保护生态环境。光明新区始终坚持低碳生态规划引领。编制了《光明新区慢行交通专项规划》《深圳市光明新区雨洪利用详细规划》《光明新区绿色建筑示范区建设专项规划》等低碳生态专项规划，出台了《深圳市光明新区绿色新城建设行动纲领和行动方案》"1+6"文件，制定了"绿色城市"建设指标体系，将低碳生态发展目标与策略进行量化分配并在具体空间上落实。光明新区规划工作不仅着眼于创新，而且着眼于绿色城市的可实施、可管理、可评价。对重点开发建设区域编制低碳生态控制性详细规划，结合地域特征将绿色低碳、低冲击的开发模式分解为具体的控制指标体系，纳入城市规划管理范畴；在此基础上，选取具体地块具体项目提出低冲击开发的详细要求并作为地块出让条件进行建设过程管理。此外，光明新区强制实施绿色建筑审批，规定所有建筑必须经过绿色建筑前置规划审批，建设全过程监督，如土地出让配备绿色建筑相关指标条件、规划方案审批严格按照《深圳市绿色建筑设计导则》实行、项目报建按照绿色建筑要求控制、施工阶段严格按照绿色施工监管等，并以政府投资项目为突破口，由点到线、到面全面推开，成为全国已评定和在建绿色建筑最多、最大的绿色建筑示范区。在已实施的光明绿色建筑项目中，100%依山就势进行规划设计，打造与自然环境相协调的小区环境；90%的配套宿舍、79%研发厂房采取底层架空绿化形式，解决厂区通风、化解热岛效应；85%的项目充分考虑集约用地，向空中和地下要发展；100%项目采用外墙保温体系、屋顶隔热等手段，提高建筑外围护结构的热工性能；75%的项目设计了太阳能发电或太阳能热水系统和LED光伏小区照明系统；100%项目采用了节水器具和设备，并通过采用透水地面、绿化停车场等提高雨水的渗透率。光明新区在低碳生态新城建设中做出的努力和探索，为全国低碳生态城市建设提供了有益借鉴。

　　坪山新区作为国家低碳生态试验区，已经编制了《坪山新区综合发展规划》《坪山中心区低碳生态试点规划及实施方案》《坪山新区建筑节能与绿色建筑"十二五"规划》《坪山新区打造低碳生态示范城区工作方案》等多项规划计划，重视规划的先导和统筹作用，在空间结构优化、集约节约利用土地、绿色交通市政体系构建、生态环境建设与保护、低冲击开发、产业结构调整和节能减排等方面进行了有益探索。同时，进一步完善了低碳节能发展的相关政策制度，编制了《坪山新区建筑低碳建设监督与管理办法》，探索并实现在规划许可、土地出让、设计招标、建设工程规划、施工图审查、施工招标与竣工验收等关键环节中加入低碳节能技术控制要求；研究制定坪山新区低碳节能发展专项激励政策，设立坪山新区低碳节能发展专项资金，探索多元化融资策略，大力推进示范地区和项目的建设。积极推动《坪山新区建设低碳生态示范区行动计划及实施方案》的落实，编制了低碳生态试点小区详细蓝图，将坪山新区土地整备安置区建设成新区首个低碳小区，将低碳生态理念付诸实际，以此带动新区低碳生态城市区域建设。坪山新区在低碳生态、城市发展单元试点等方面为全市摸索了经验、探索了新路。

除了低碳生态示范区建设以外，深圳市还积极开展绿色交通、绿色照明、绿色建筑、低冲击开发模式、可再生能源、节水和水循环利用等各类示范项目建设，如深圳湾生态公园慢行系统及生态绿道、深圳湾体育中心三馆合一集约用地、南山商业文化中心区 TOD 及中水利用展馆、新能源公交车辆应用、盐田区海滨栈道等项目，通过不同类型项目的试点示范，实现了全市多点联动，取得了实效。

五　国家海绵城市建设试点

深圳是国内较早引入海绵城市建设理念的城市之一，早在 2009 年 12 月，市委市政府就决定全面加强深圳低影响开发雨水综合利用管理工作。2013 年 12 月，习总书记在中央城镇化工作会议上谈到"在提升城市排水系统时要优先考虑把有限的雨水留下来，优先考虑更多利用自然力量排水，建设自然积存、自然渗透、自然净化的海绵城市"。2015 年 10 月，《国务院办公厅关于推进海绵城市建设的指导意见》（国办发〔2015〕75号）要求全面推进海绵城市建设。在此背景下，深圳市更为重视海绵城市建设工作，于 2015 年印发"市委市政府 2015—2016 年重大调研课题"明确要求开展深圳建设"海绵城市"的配套政策问题研究，结合政府需求制定技术标准和政策机制，通过政府公共政策强化管理，引导社会资金和公众力量共同参与海绵城市建设。2016 年 4 月 5 日，深圳市政府正式成立市海绵城市建设工作领导小组，由常务副市长张虎同志任组长，27 个部门为成员单位。2016 年 4 月 22 日，在住建部、财政部、水利部联合组织的 2016 年国家海绵城市试点竞争性评审中，深圳成功入选国家第二批海绵城市建设试点城市，将光明新区凤凰城片区作为先行先试的试点区域，并系统推进全市海绵城市建设。

海绵城市是一种形象的比喻，是新一代城市雨洪管理概念，指城市能够像海绵一样，在适应环境变化和应对自然灾害等方面具有良好的"弹性"，下雨时吸水、蓄水、渗水、净水，需要时将蓄存的水"释放"并加以利用，提升城市生态系统功能，减少城市洪涝灾害的发生，减少水污染等。海绵城市建设本质是通过控制雨水的产汇流，恢复城市原始的水文生态特征，使其地表径流尽可能达到开发前自然状态，从而实现"修复水生态、改善水环境、涵养水资源、提高水安全、复兴水文化"五位一体的目标。

海绵城市是个系统工程，涉及城市建设的方方面面，必须进行顶层设计，在制度层面进行保障落实。近几年来，尤其是自成功入选第二批海绵城市国家试点以来，深圳市有机融合治水与治城，把海绵城市建设与治水提质、河长制、正本清源等工作紧密结合，革新性地推动形成了多部门协同、多专业融合、多主体参与的工作格局。

（一）规划引领，政策标准先行

深圳市在城市规划领域率先转型，将生态保护、海绵城市建设要点纳入了《深圳市城市规划标准与准则》（2014 年版），出台了《低影响开发雨水综合利用技术规范》（SZDB/z145—2015），修编和编制了各相关专项规划，奠定了海绵城市建设试点的基础。2016 年 7 月，深圳市政府根据国家相关文件要求印发了《深圳市推进海绵城市建设工作实施方案》，为海绵城市建设提出了路线图和时间表，以最高标准、最高质量开展海绵城市的规划和建设工作。实施方案的出台标志着深圳进入全面推进海绵城市建设阶段。从 2016 年 8 月开始，深圳新建的道路与广场、公园和绿地、建筑与小区、水务工程以及城市更新改造、综合整治等建设项目，将严格按照海绵城市要求进行规划、设计和建设；对于尚未开工和在建的各类建设项目，建设单位应视具体情况，尽可能地按照海绵城市要求进行设计变更和整改。2016 年底，深圳市印发实施《深圳市海绵城市建设专项规划及实施方案》，作为全市总体规划的重要组成部分，开启全市落实生态文明建设、推进绿色发展的涉水顶层设计。2017 年，深圳市规划国土委又发布了《深圳市海绵城市规划要点和审查细则》，此后海绵城市建设的约束性指标和要点已经纳入"两证一书"的相关审批中。在市级专项规划成果的基础上，各区结合自身实际开展区级及重点片区海绵城市建设规划及实施计划的编制工作，实现区级规划全覆盖。

（二）机制创新，各部门协同推进

在海绵城市建设中，深圳市按照"流域统筹、系统治理，海绵城市、立体治水"的工作思路，已经形成市、区两级海绵城市建设工作组织机构和各部门协同推进的工作机制。规划部门做好规划管控，发改部门把关政府投资项目，财政部门落实资金保障，交通、住建、水务、城管及各区等部门在各自职责范围内将海绵城市建设有序融入现有管控制度中。"海绵城市建设实施情况"指标已被纳入 2017 年政府绩效评估体系。深圳市依托治水提质平台，已构建了规划建设管控制度、投融资机制、运营维护管理制度、绩效考核与奖励机制、产业发展机制等，推动海绵城市建设工作的长效推进。

（三）项目示范，狠抓海绵城市建设任务落实

随着深圳市海绵城市建设工作的深入开展，目前全市已涌现出大批覆盖各个建设类型的海绵城市示范项目，其中包括海绵型房屋建筑（如南山区后海二小、光明新区群众体育中心等）、海绵型道路（如大鹏新区坝光片区新态路等）、海绵型公园绿地（如福田区红树林生态公园、福田区香蜜公园）等。深圳市先后在大运中心、东部华侨城、万科中心、南山商业文化中心、深圳市光明新区门户区市政道路等示范项目的实践中，因地制宜地采用了绿色屋顶、可渗透路面、生物滞留池（雨水花园）、植被草沟及自然排水系统等低影响开发雨水综合利用设施，取得了良好的环境、生

态、节水效益。

光明凤凰城项目作为国家海绵城市建设试点项目，是依托凤凰城内绿地水系，串接重要服务设施及重大建设项目的发展轴带。该项目涉及面积250.3 平方公里，其中建设用地面积 199.6 平方公里，建设总投资约 40.92亿元，包含道路与广场、公园与绿地等项目及设施，具体由湿地公园、光明新城科技公园、碧眼水库、麒麟山公园、都市田园等大型绿地形成基本板块；沿东坑水、鹅颈水和绿带形成连接廊道；与光明森林公园、观澜森林公园等基质相连所形成的。该项目从源头控制、中间减排到末端治理进行系统性海绵设施构建，奠定了凤凰城的海绵城区格局。2017 年 5 月 18日，国家住房和城乡建设部城市建设司通报 2016 年度海绵城市试点绩效评价情况，以光明新区凤凰城为试点区域的深圳海绵城市建设试点工作考核得分位列第二批 14 个城市第 1 名。

除此之外，深圳市还建立了海绵城市建设项目库，包括在国际低碳城、坝光片区等全市 23 个重点区域制定海绵城市建设项目库，狠抓海绵城市项目落地。截至 2017 年上半年，全市海绵城市入库项目共计 590 个，2017 年预计可完工 444 个（其中既有设施海绵化改造项目 195 个），全市年度新增海绵城市面积可达 34 平方公里。下一步深圳市将全面发力，力争到 2020 年，除特殊污染源、地质灾害易发区外，城市建成区 20% 以上的面积达到目标要求；到 2030 年，城市建成区 80% 以上的面积达到目标要求。通过在海绵城市建设项目实施过程中，落实"源头减排、过程控制、系统治理"的技术路线，系统统筹低影响开发雨水系统、城市雨水管渠系统及排涝除险系统，深圳正在构建"渗、滞、蓄、净、用、排"有机结合的水系，最大限度地减少城市开发建设对生态环境的影响。

（四）智慧海绵，加强技术支撑

深圳市发起成立了市级海绵城市建设技术联盟，引进了包括清华大学、北京大学、哈尔滨工业大学等大学和研究机构在内的 13 家单位，汇聚国内外专家、学者，组建海绵城市技术专家库，充分发挥科研机构的技术支撑作用。

在基础研究与应用方面，深圳市气象局编制完成了《深圳市 2016 年城市热岛监测公报》，并立项开展城市热岛自动监测页面的开发。市人居环境委定期监测地下水水质情况，对主要河流、饮用水源和西部海域水质每月一分析。深圳市科技创新委重点支持了"海绵城市监测及评估系统研发""黑臭水体水质在线监测系统研发"等项目。深圳市水务局先后启动了"雨水径流污染监测与研究""海绵城市建设对土壤与地下水的影响"等课题的研究工作。结合前期已开展的低影响开发、排水防涝技术等相关研究，推动海绵城市设施的本地化、科学化、产业化，力争使深圳成为全国海绵城市建设的科技输出地和产业集聚地。

为加强海绵城市技术交流，深圳市成功举办了"中德海绵城市项目交流研讨会""中英城市内涝与海绵城市研讨会""第十八届高交会海绵城市建设院士论坛""第十三届中外绿色人居论坛海绵城市分论坛""第五届深圳国际低碳城论坛海绵城市专项研讨会"等高端学术交流活动，分享交流了国内外城市可持续降雨管理策略以及海绵城市建设成功经验，为海绵城市发展献计献策。

（五）政府引导，社会广泛参与

深圳市正在研究通过落实供给侧结构性改革措施，探索创新海绵城市投融资和建设运营模式，通过特许经营、政府购买服务等多种方式，开展政府和社会资本合作。采用 PPP 等模式吸引社会资本参与海绵城市建设，推动各类资本相互融合、优势互补，促进投资主体多元化，实现城市精细化治理和管理。2017 年 7 月，深圳市首个海绵城市建设 PPP 试点项目——光明水质净化厂项目开工，总投资约 15.8 亿元。此外，深圳市还开展了对社会资本参与海绵城市建设的财政激励政策研究工作。通过开展与非政府组织大自然保护协会、桃花源生态保护基金会的合作，发挥各自优势，共同助力深圳海绵城市建设。

第二节 国家生态文明建设重点领域试点

一 环境污染损害鉴定评估试点

（一）推进落实情况

构建工作平台。依托市环科院和市监测站技术力量，借鉴国家先进试点地区经验，编制"深圳市环境损害鉴定评估中心构建工作方案"，明确机构职责、架构、内外部运行机制等，为环境损害鉴定评估工作的顺利开展提供了高水平的本地平台。

大力开展基础研究。组织科研力量专门开展《深圳市环境污染损害鉴定评估框架体系研究》《深圳市突发性环境事件应急处置服务收费标准研究》《深圳市水环境污染损害鉴定评估范围和标准研究》和《深圳市生态环境污染损害鉴定评估范围和标准研究》等规范标准研究，持续完善技术方法体系。

加强技术力量培育。组织开展了多种形式的对外交流与合作，2013年以来连续选派代表参加环保部组织的历次工作调度会、培训会/论坛；邀请环保部环境规划院于方主任、北京大学汪劲教授等国内知名专家来深讲座；赴重庆、昆明等先行试点地区开展调研；推动与环保部环境规划院的技术合作，完成2013及2014年度试点合同，从而充分对接国家工作体系，有效借助外力推动深圳市鉴定评估能力的形成和发展。

积极开展案例实证研究。2012年以来，深圳市环科院就"龙岗河油污事件""空港油料泄漏事件"等典型案例开展实证研究。2015年深圳市环境损害鉴定评估中心成立以来，主要案例有3项，包括：盈利达火灾应急处置环境损害评估、宝安沙井涉嫌危废非法倾倒填埋事件、龙岗甘坑非法倾倒危险废物案件。其中，盈利达火灾应急处置环境损害评估主要是为环责险理赔服务，对应急处置费用和直接财产损失进行了评估，为政府协调理赔提供了决策参考。宝安沙井主要是配合广东省院就推进环保公益诉讼开展损害鉴定评估前期工作。龙岗甘坑非法倾倒报告已经编制完成，并提交给龙岗区环水局和龙岗区水径派出所作为追究刑事责任的依据。

（二）改革总体进展

2015年6月，依托深圳市环科院和市监测站建设的"深圳市环境损害鉴定评估中心"正式挂牌，并配套建立了分工明确、合作顺畅的机构运行机制。专家库建设和管理实施方案、突发环境事件应急收费标准等规范性制度也同步建立，并在案例评估中加以应用。已完成的《深圳市突发性环境事件应急处置服务收费标准研究》为案例评估提供了必要依据；已完成的《深圳市环境污染损害鉴定评估框架体系研究》获得2015年广东省环境保护科学技术奖三等奖。龙岗甘坑非法倾倒案件的鉴定评估报告已经编制完成，并提交给龙岗区环水局和龙岗区水径派出所作为追究刑事责任的依据。

（三）改革实际成效

环境损害鉴定评估试点改革工作坚持顶层设计与具体领域相结合，坚持国家要求与深圳特色相结合，提出了深圳推进环境损害鉴定评估的新思路和新举措，为完善环境司法手段，创新环境污染责任追究机制，以最严厉的法制保护城市生态环境做了重要的尝试。该项改革的实施推动深圳市初步形成了环境损害鉴定评估工作能力，掌握了本地环境损害鉴定工作的主动权和主导权；也为国家层面相关政策机制的建立完善提供了地方实践经验，为其他地区从零启动环境损害鉴定评估工作提供了有益借鉴，具有典型的示范意义。随着党的十八大、十八届三中、四中全会及新环保法相关要求的落实，可以为深圳市推动环境污染的法律责任追究和损害赔偿提供专业技术支持，从而加大环境违法惩处力度，维护公众环境权益诉求，有效震慑潜在环境违法行为，为"美丽深圳"建设提供最严厉的法制保障。

二　环境污染责任保险试点

（一）推进落实情况

深圳市是环保部确定的环境污染责任保险试点城市之一，自 2009 年起，深圳市在危险废物经营行业开展环境污染责任保险试点工作，并逐步扩大环境污染责任保险试点企业范围。近年来环境污染责任保险工作逐年推进，大体上可划分为三个阶段。

一是试点阶段（2009 年至 2011 年）。2008 年 12 月，深圳市人居环境委与市保监局联合下发《关于开展环境污染责任保险试点工作的通知》，选定 13 家危险废物经营单位开展环境污染责任保险试点推动工作。2010年 3 月，深圳市政府与保监会签署《关于深圳保险创新发展试验区建设的合作备忘录》，将环境污染责任保险纳入深圳市保险创新发展试验区建设的重要内容之一。2011 年 8 月，深圳市人居环境委下发《关于在深圳市铅蓄电池及再生铅行业推行环境污染责任保险的通知》，扩大了试点范围。这一时期的试点范围为全市 13 家危险废物经营单位和 10 家铅蓄电池生产企业。企业投保的特点是自愿为主、强制为辅。

二是全面推行阶段（2012年至2013年）。2012—2013年，深圳市政府将环境污染责任保险纳入深圳市改革计划。2012年5月，市人居环境委与市保监局联合下发《深圳市环境污染责任保险工作实施方案》。同年7月，市人居环境委发布《深圳市环境污染强制责任保险企业名录》，将投保企业范围明确为六大类企业：危险废物处置经营单位、铅蓄电池企业、危化品企业、污水处理厂、垃圾填埋场和涉重金属企业。2013年4月，市人居环境委与市保监局又联合下发《关于进一步推进环境污染强制责任保险开展企业环境风险评估工作的通知》。这一阶段企业试点范围覆盖全市六类行业692家企业，企业投保的特点是强制为主、自愿为辅。

三是探索创新阶段（2014年至今）。2014年5月，深圳市制发下发《关于充分发挥市场决定性作用进一步推动环境污染责任保险发展的意见》，并修订发布《深圳市环境污染强制责任保险企业名录》（2014年版），将环境污染责任险从政府文件层面细化到企业操作层面。同时，市人居环境委会同市保监局，开展环境污染责任保险条款和模式的创新研究。推动高环境风险企业参加环境污染责任保险，组织对全市重点企业开展环境污染责任保险政策法规宣传培训，推动《深圳市环境污染强制责任保险企业名录》内企业开展投保和续保工作。承办环保部"环境污染责任保险政策深化和创新研讨会"。指导保险公司做好投保企业风险防范和理赔服务，进一步提高企业投保自觉性。这一阶段的试点范围为六行业646家企业。投保特点仍然是强制为主、自愿为辅，但企业的自愿性明显增强，同时单一投保模式向多元投保模式探索转变。

截至2015年底，全市投保或续保企业共有313家，保费905万元，保额7.5亿元，重点企业环境风险防控能力进一步提升，环境污染责任保险覆盖面进一步扩大，位居全省之首，超额完成了上级改革试点项目要求。

（二）改革成效

通过8年的努力，深圳市的环境污染责任保险制度建设取得了系列成效：

一是在市人居环境委和深圳保监局的共同推进下，深圳市形成了环境保护主管部门、保险监督管理部门、保险公司和投保企业四方有机统一的环境污染责任协调运作机制，发布了一系列环境污染责任保险政策、标准。

二是环境污染责任保险的覆盖面和保障能力进一步扩大。全市电镀线路板、危险废物经营等六大重污染行业企业纳入强制环境污染责任保险范围。投保企业从2009年的11家增至目前的313家；保费从2009年的34万元到目前的905万元，增长了26.6倍。

三是创新保险模式和保险产品。引入保险经纪公司，确定7家保险公司组建"共保体"，统一保险费率。不断创新保险产品，在保障范围上，承保"自然灾害责任"等8类以往条款免责类情形；在承保地址上，扩大了"场所内清理费用"等4类情形；在紧急处置时，扩展了"消防用水等施救而造成第三者财产损失"等2类情形；同时还增加了5种"疏散人群费用"等5类扩大保险责任情形。在此基础上，创新产品还提高了赔偿责任限额，并实行零免赔额，为企业提供更全面的保险保障。

四是开展风险评估，实施分级分类管理。组织制定电镀企业、印制线路板企业、危险废物经营单位库等9类重点行业企业的环境风险等级划分技术规范，2015年制定发布了电镀企业、印制电路板企业、危险化学品经营单位、石油库经营单位等四部环境风险评估技术规范，填补了我国上述类别行业风险评估标准空白，获得了"2015年度广东省环境保护科学技术奖"二等奖。通过第三方机构完成全市580余家重点企业环境风险评估并确定环境风险等级。将企业环境风险大小与投保档次相挂钩，确保环境污染责任保险为企业提供与风险相匹配的保障。明确对应保未保企业的约束措施和对已投保企业的激励措施，同时将环境污染责任保险纳入企业环保信用等级评定标准。

五是搭建了"环境风险管理服务平台"和"深圳市环境污染责任保险创新产品网上投保平台"，环境风险管理服务平台已拥有包括企业、政府部门、保险公司等600多家用户注册使用。环境风险评估工作的开展，实现了高效的环境风险管理，提高了监管部门及企业环境风险管理的水平和效能。

六是增强了企业环境风险防控意识和风险应对水平。通过组织多场宣传培训会，强化环境风险管理，畅通信息公开渠道，进一步提高了企业防范和处置突发环境事件的能力，参与环境污染责任保险的自觉性进一步提升，有效防范和处置突发环境事件引发的纠纷矛盾，充分保障公众合法权益。

2015 年 6 月，《中国环境报》专题"深圳创新污染责任险产品服务——覆盖面不断扩大，环境风险控制能力显著增强"报道。从扩大覆盖范围，加强专业服务；组建共保体，创新保险产品；强制和自愿相结合；创新赢得市场赢得主动等方面全方位反映了深圳市环境污染责任保险的工作。并明确指出，深圳在推行环境污染责任保险过程中，结合实际、突破传统、改革创新、大胆实践，通过创新，保险公司赢得市场，企业获得了主动，这值得各地借鉴。

三　社会化环境检测机构管理试点

（一）推进落实情况

2013 年，深圳市人居环境委组织就社会环境检测机构能力认定标准和程序、社会环境检测机构从事检测的范围、社会环境检测机构的监管体制与淘汰机制等进行了调研。根据国家、省对环境监测社会化相关文件要求，结合调研情况，深圳市成立了环境监测行业协会。

2014 年，经深圳市法制办审核同意，人居委发布了《深圳市社会环境检测机构管理办法》；并开展了第三方环境检测机构能力认定评审工作，共 2 批 11 家综合性和 4 家承担核与辐射检测机构通过了评审，具备了在环境监测放开许可领域从事监测（检测）的资格。

2015 年，广东省环保厅出台了《关于推进广东省环境监测社会化改革试点的指导意见》和《政府购买环境监测服务名单资格招标采购工作方案》（征求意见稿）。为贯彻省环保厅相关规定，深圳市将第三方环境检测机构能力认定改为第三方环境检测机构名录评估，并开展了第一批社会环境检测机构名录制管理申报评选工作。全市共有 24 家综合性检测机构和 3 家承担核与辐射专项检测的机构纳入了深圳市政府购买环境监测服务的机构名单。

2016 年，根据广东省环保厅要求，组织深圳市相关社会环境检测机构参加了广东省政府购买环境监测服务机构名单（第一批）申报评选工作，深圳市共有 12 家综合类机构和 3 家专项机构入围省名单。

目前，深圳市市级、区级环境监测委托主要涉及三个方面：一是咨询服务类检测，二是辐射检测，三是污染源在线监测数据有效性的比对检测。政府购买服务类总金额约 3000 万元，主要涉及 10 余家社会检测机构。

（二）改革成效

一是率先成立环境监测行业协会，在环境监测领域去行政化、社会化和产业化方面为全国探路。深圳市环境监测行业协会成立仅一个月，就得到了广东省环境监测中心授权，从 2014 年 1 月开始在深圳市范围内开展环境监测上岗证考核工作。协会的成立为政府与第三方环境监测机构的沟通联系提供了桥梁。通过政府职能转移，深圳市环境监测行业协会受委托为环境监测机构提供服务与技术支持，对第三方环境监测机构开展定期考核和不定期检查。

二是社会监测机构能力认定评审客观公正，有效吸引社会资金投入环境检测行业。自 2014 年到 2015 年，全市环境检测行业企业总数由原来的 44 家增加为 46 家，投资超千万元的企业占比由 9.1% 增加为 23.9%，总投资量也增加了近 1.89 倍。2017 年 5 月，省环保厅公布的全省 52 家第一批入围的政府购买环境监测服务机构中，深圳市机构有 15 家。

（三）上级评价

2014 年 8 月，广东省环境保护厅王子葵副书记一行专程到深圳调研环境监测社会化工作，充分肯定了深圳的改革，认为是广东省检测社会化的一次非常成功的尝试，无愧监测改革"排头兵"的称号。

四　排污权交易试点

（一）推进落实情况

深圳市于 2009 年下半年开始 COD 排污权交易的探索研究工作，并连续 6 年将其列为市政府重点工作任务，力求通过排污权交易进一步优化环境资源配置、促进污染减排、降低减排成本以及调整产业结构等。经过几年的努力，在广泛调研和召开研讨会的基础上，我们已初步建立了一套符合深圳实际情况的 COD 排污权交易政策框架体系，并完成了相关基础建设，进行了模拟试运行。同时，我们也根据广东省的要求，在 2013 年 12 月 18 日，与全省同步启动了 SO_2 的排污权交易。

（二）改革总体进展

排污权有偿使用和交易制度是一项复杂的政策制度，涉及内容较多，还需要发改、经贸、财政、编办等多个部门的配合。政策制度的设定既要科学、合理、公平，又要符合深圳市实际，才能有效发挥其作用，难度非常之大，这从国家、省出台排污权交易相关政策度的过程可见一斑。深圳市经历了调查研究阶段（2009 年）、政策制定阶段（2010—2011 年）、基础建设阶段（2011—2012 年）、模拟运行阶段（2012—2013 年）后，现正处于完善深化阶段（2013—至今）。

2013 年初和 2014 年初，广东省先后印发《关于在我省开展排污权有偿使用和交易试点工作的实施意见》（粤环〔2013〕3 号）和《广东省排污权有偿使用和交易试点管理办法》（粤环〔2014〕21 号），根据相关规定，对深圳市的排污权交易政策制度进行了相应的调整。同时也严格按照省里的要求，稳步实施 SO_2 的排污权交易工作。2014 年 8 月，国务院办公厅印发《进一步推进排污权有偿使用和交易试点工作的指导意见》（国办发〔2014〕38 号）（本书下称《指导意见》）后，深圳市委根据《指导意见》对已制定的《深圳市主要污染物排污权有偿使用和交易管理办法（试点）》及其配套政策进行了修改完善，并结合广东省排污权交易工作部署的时间节点要求，编制了《深圳市排污权有偿使用和交易试点实施方案（征求意见稿）》，并征求了各相关单位的意见。

同时，为了更科学准确地核算污染物的排放量，推动环境监管由单纯的"浓度监管模式"向"浓度和总量相结合的监管模式"转变，开展了刷卡式排污总量自动监控系统的试点建设工作，选择了青岛啤酒、妈湾电厂等 6 家国控污染源试点安装了 6 套刷卡式排污总量自动监控系统。

第八章　率先建设社会主义现代化先行区

　　深圳作为我国最早实施改革开放的城市，过去 40 年，因改革开放而生、因改革开放而兴、因改革开放而强，是中国特色社会主义的生动实践和鲜活样本，作为生态文明建设试验区，在生态文明领域开展了一系列的探索和实践。进入新时代、踏上新征程，深圳肩负着习近平总书记赋予的"四个坚持、三个支撑、两个走在前列"的光荣使命，更要强化责任担当、继续先行一步，将改革开放进行到底，将创新发展贯穿始终，率先建成代表中国崛起、影响国际的社会主义现代化大都市，打造全面彰显习近平新时代中国特色社会主义思想磅礴力量的"深圳标杆"。为深入贯彻落实党的十九大精神，坚决打赢生态环境保护攻坚战，提前补齐深圳生态文明建设短板，按照市委六届八次、九次会议的决议，深圳经济特区探索率先建设社会主义现代化先行区，率先建设生态文明高度发达的社会主义现代化先行区，推动形成人与自然和谐发展现代化建设新格局。

第一节　社会主义现代化先行区的新定位

一　深圳社会主义现代化目标的提出

　　在中国共产党第十九次全国代表大会上，习近平总书记提出中国特色社会主义进入新时期，新时期要有新目标，新目标就是建设成为富强民主文明和谐美丽的社会主义现代化强国，并且提出了两边走战略。深圳经济特区是中国改革开放的先行地，一直是海外了解中国改革开放进程、洞悉改革开放走向的重要窗口。在新时代下，特区必须不忘初心、牢记使命，始终保持一往无前的锐气和勇气，率先建设中国特色社会主义现代化先行区，延续和升华世界城市化现代化的奇迹，向全世界充分彰显在新的全球格局下中国坚定不移走改革开放道路的坚定决心和坚强意志，充分彰显中国特色社会主义制度的巨大优越性。

同时，以习近平同志为核心的党中央抓住新时代我国基本国情的主要特征，做出了我国社会主要矛盾已经转化为人民日益增长的美好生活需要和不平衡不充分发展之间的矛盾这一具有根本性、全局性的重大政治论断。深圳经济特区作为我国快速发展的特大城市，这种不平衡不充分的矛盾体现得更早、更复杂、更突出，主要表现为教育、医疗等优质公共服务资源供给不足，水体污染严重，违法建筑量大面广，城市公共安全、环境安全压力较大，区域发展不平衡等。面对这些深层次、结构性问题，深圳经济特区更应自觉率先建设社会主义现代化先行区，牢牢把握人民群众对美好生活的向往，抓住群众最关心最直接最现实的利益问题，下大力气保障和改善民生，使市民获得感、幸福感、安全感更加充实、更有保障、更可持续。

在这样外在和内在的双重形势下，2017 年 5 月，深圳市委提出"率先建设社会主义现代化先行区"。深圳市委六届七次全会进一步提出，在率先高质量全面建成得到人民认可、经得起历史检验的小康社会基础上，加快建设社会主义现代化的先行区，努力走出一条体现时代特征、中国特色、深圳特点的社会主义现代化之路，在新的起点上勇当尖兵、再创新局，为把我国建成富强、民主、文明、和谐、美丽社会主义现代化强国做出深圳贡献。

二　生态文明高度发达的社会主义现代化示范区

《中共深圳市委关于持续深入学习宣传贯彻党的十九大精神　高举习近平新时代中国特色社会主义思想伟大旗帜　率先建设社会主义现代化先行区的决定》提出，按照十九大精神和环保部的要求，结合深圳的发展定位和实际情况，深圳市要聚焦"美丽"提升环境美誉度，率先建设生态文明高度发达的社会主义现代化先行区。美丽是生态文明建设的重要目标，是建设社会主义现代化国家的题中应有之义。必须进一步树立和践行绿水青山就是金山银山的理念，坚定不移推进绿色发展，加快生态文明体制改革，制定实施生态文明建设规划，持续加大生态环境保护和治理力度，不断满足人民日益增长的优美生态环境需要。建立健全绿色低碳循环发展的经济体系，构建市场导向的绿色技术创新体系，发展绿色金融，进一步降低能源、水、土地消耗强度，提升城市能源资源保障功能，形成节约资源和保护环境的空间格局、产业结构、生产方式、生活方式。大力提升市容环境品质，加快实施城中村、集贸市场、老旧小区等专项整治，开展创建节约型机关、绿色家庭、绿色学校、绿色社区和绿色出行等行动，推进城市美化、绿化、净化、亮化。着力解决突出环境问题，坚决打赢水、大气、土壤污染防治等攻坚战，突出抓好治水提质，全面落实河长制，尽快消除黑臭水体。按照国际一流标准，加快建设一批重大环保基础设施。健全生态文明建设长效机制，强化生态保护红线管理，实施更具约束力的管控制度，严密防控和严厉打击环境违法行为。通过努力，率先形成绿色发展的生产方式和生活方式，天蓝、地绿、水清的优美生态环境成为普遍常态，开创人与自然和谐共生新境界。

第二节　深圳发展面临的新机遇和新挑战

一　形势与机遇

（一）国家战略强势推动

党的十九大报告明确提出，建设生态文明是中华民族永续发展的千年大计。必须树立和践行绿水青山就是金山银山的理念，坚持节约资源和保护环境的基本国策，像对待生命一样对待生态环境，统筹山水林田湖草系统治理，实行最严格的生态环境保护制度，形成绿色发展方式和生活方式，坚定走生产发展、生活富裕、生态良好的文明发展道路，建设美丽中国，为人民创造良好生产生活环境，为全球生态安全做出贡献。

2018 年 2 月 13 日对广东省人民政府和科技部《关于深圳市创建国家可持续发展议程创新示范区的请示》（粤府〔2018〕3 号）做出批复，同意深圳市以创新引领超大型城市可持续发展为主题，建设国家可持续发展议程创新示范区。文件要求，深圳市建设国家可持续发展议程创新示范区，要深入贯彻党的十九大精神，以习近平新时代中国特色社会主义思想为指导，坚持新发展理念，统筹推进"五位一体"总体布局，协调推进"四个全面"战略布局，紧紧围绕联合国 2030 年可持续发展议程和《中国落实 2030 年可持续发展议程国别方案》，按照《中国落实 2030 年可持续发展议程创新示范区建设方案》要求，重点针对资源环境承载力和社会治理支撑力相对不足等问题，集成应用污水处理、废弃物综合利用、生态修复、人工智能等技术，实施资源高效利用、生态环境治理、健康深圳建设和社会治理现代化等工程，统筹各类创新资源，深化体制机制改革，探索适用技术路线和系统解决方案，形成可操作、可复制、可推广的有效模式，对超大型城市可持续发展发挥示范效应，为落实 2030 年可持续发展议程提供实践经验。这既是对深圳的肯定，也彰显了深圳率先建设社会主义现代化先行区奋力向竞争力影响力卓著的创新引领型全球城市迈进的决心。

（二）区域共建提供机遇

2016 年 9 月，环境保护部和广东省人民政府签署《共建珠江三角洲国家绿色发展示范区合作协议》，提出推动珠三角地区建设生态文明建设示范城市群，并率先成为国家绿色发展示范区。2017 年国务院《政府工作报告》明确提出，要研究制定粤港澳大湾区城市群发展规划。作为粤港澳大湾区核心城市之一，省部协议与粤港澳大湾区中深圳的城市定位为深圳引领区域生态文明建设提供了发展契机。

（三）特区发展内在需求

深圳在改革中创新，在创新中发展，已率先进入以质量效益为中心的稳定增长阶段，要向更高发展阶段迈进，就必须正视超常规发展和超大型城市建设中积累的矛盾和问题。在经济新常态下，深圳只有继续坚持质量引领、创新驱动，坚持走绿色低碳发展之路，全面开展生态环境保护和污染整治，扎实推进生态文明建设，才能加快建设现代化国际化创新型城市和绿色发展示范市。

二 问题和挑战

30 多年快速发展对深圳市生态环境造成的压力和影响在不断累积，资源能源约束日益趋紧，水体黑臭、大气环境质量持续改善难度大，生态系统保护面临挑战，生态文明体制改革仍在探索推进中等都是迫切需要解决的问题，加快生态文明建设仍面临着巨大挑战。

（一）资源能源约束日益趋紧

单位 GDP 能耗、水耗、地处于全国先进水平，进一步下降的空间和速度减小。深圳市处于国内能源运输通道和供应链的末端，本地能源资源非常匮乏，能源自给能力较弱，且成本较高。本地水源匮乏，水资源对外依存度高达 70% 以上，且市外供水水源相对单一，供水保障的稳定性面临挑战。随着城市人口规模的不断扩大和经济社会的持续发展，资源能源供需矛盾将进一步凸显，成为制约生态文明建设的关键瓶颈。

（二）绿色发展面临诸多挑战

生产要素成本上升过快，对产业加快迈向中高端提出更加紧迫的要求。科技发展虽取得显著成效，形成了创新发展的深圳特色，但仍存在一些薄弱环节和深层次问题，尤其是生态环保科技领域方面，节能环保产业链发展不均衡，创新载体数量偏少，对重大技术问题聚焦不够，创新成果转化实际应用不够顺畅，从而不足以支撑环保产业快速发展。

（三）水环境污染问题突出

黑臭水体治理任务较重，全市有河流 310 条，其中黑臭河流有 133 条，相比福建厦门市，全市约 100 多条河流，黑臭河流仅 2 条。深圳河、茅洲河、观澜河、龙岗河、坪山河等市内五大河流仍为劣 V 类，其中茅洲河连续两年被列为全省污染最严重的河流，水环境质量排名压力大；部分跨界河流水质现状与目标仍有较大差距。海域水质"东好西差"，西部近岸海域水质劣于海水第四类标准，属极差水平。水污染防治基础设施不完善，管网建设欠账较多，老旧城区以及城中村雨污混流普遍，全市污水管网缺口约 4570 公里；局部地区污水厂处理能力有限，处理效率不佳；污泥处理处置能力不足，对异地处理依赖较大。

（四）大气环境质量持续改善难度大

深圳市 PM 2.5 虽长期处于国内重点城市较低水平，但对照国际领先城市还有不少距离，纽约和东京 PM 2.5 仅为 8 微克/立方米、伦敦 15 微克/立方米、华盛顿 10.1 微克/立方米、多伦多 8.18 微克/立方米，受排放源、气候、环境承载力等多因素影响，PM 2.5 浓度持续改善难度大。此外，臭氧连续两年超过 PM 2.5 成为大气首要污染物，协同治理难度加大。

（五）生态系统保护形势严峻

生态保护红线划定工作受制于市内水源保护区调整和自然保护区规划的不确定性，而城市开发边界的科学界定仍有大量的工作要研究探索。同时，深圳土地、水资源等基础性资源具有紧约束，基本生态控制线受到侵蚀和占用，保障生态用地面积不减少、功能不降低面临巨大的压力。对重要生态功能区、生态敏感和脆弱区的保护和管控的刚性和约束力不够，自然保护区、湿地及自然岸线的保护有待加强，生物生存受到严重威胁。

（六）生态文明体制改革仍在探索推进

大部分生态文明体制改革项目虽能按进度推进，但改革项目多处于研究阶段，落实执行并产生明显实效的项目较少。尤其是排污许可证制度，虽在工业点源排污控制上取得了一定的效果，但因其核心地位不突出、管理外延不全面、精细化管理水平不高等原因，未能有效实现对工业点源系统化、科学化、精细化、信息化的管理。同时，深圳市尚未建立一体化的环境管理信息化平台，智能信息化水平低，是制约环境监管执法水平的关键因素。环境执法力量配备严重不足、未建立部门间配合和对接机制也是关键制约因素之一。

第三节　率先实现生态文明高度发达的 社会主义现代化先行区

一　建设目标

根据党中央的统一部署，从现在到 2020 年，是全国全面建成小康社会决胜期，在此基础上，将开启全面建设社会主义现代化国家新征程。从现在到 2020 年，深圳经济特区要着力于补齐城市发展短板，推进社会治理和人居环境改善，率先高质量全面建成小康社会，基本建成功能先进、经济繁荣、和谐优美的现代化国际化创新型城市。

到 2025 年，生态环境根本好转，美丽深圳目标基本实现。清洁低碳、安全高效的能源体系和绿色低碳循环发展的经济体系基本建立，绿色发展的生产方式和生活方式基本形成，水环境状况根本改观，生态安全屏障体系基本建立，生产空间安全高效、生活空间舒适宜居、生态空间山青水碧的开发格局形成，为率先建设社会主义现代化先行区打下坚实的基础。

到 2035 年，全面建成拥有高度的生态文明的富强、民主、文明、和谐、美丽的社会主义现代化先行区，天蓝、地绿、水清的优美生态环境成为普遍常态，生态环境质量整体达到国际先进水平，开创人与自然和谐共生新境界，建成美丽的社会主义现代化先行区。

二　方向与思路

实施生态优先战略，把自然生态作为城市建设发展的基底，依据生态格局统筹生产、生活布局，大力推进生态修复和环境整治，大力推广循环经济和绿色生活方式，为市民提供更多优质生态产品，率先建成绿色低碳、美丽宜居、富有魅力的现代化超大型生态城市，实现人与自然的和谐共生。在全社会率先形成绿色低碳生活方式，建设绿色低碳（建筑）示范城市、绿色交通先锋城市，空气质量在大城市中率先达到欧盟标准，水环境根本改观，城市普遍实现直饮水，公共绿地、滨海城市品质达到世界优秀城市水平。

（一）构建安全高效的生态格局

顺应山海交融的生态景观，划定生态发展空间，加强生态底线管控，按照山林田湖海系统共治原则，优化城市自然生态格局。对自然保护区、风景名胜区、郊野公园和森林、水库、河流、湿地等生态敏感区开展针对性的生态系统修复，加强重要物种生境保护，完善生物多样性保护体系。促进生态空间功能提升和保护性利用，构建"自然公园—城市公园—社区公园"三级公园体系，打造多层次、多功能、互联互通的城市生态绿地系统，积极打造"公园之城"，让市民充分享受生态福利。

（二）打造优越的环境质量

响应群众对美好生活的急切需求，力争在最短的时间内全力解决水污染、垃圾处置等突出问题。推进水环境综合治理，加快深莞惠跨界河综合整治工作，完成深圳湾、前海、茅洲河、坪山河等流域水系治理，2020 年全面消除河流黑臭水体，2025 年大幅提高重要水功能区水质达标率。2035

年基本达到水环境功能区要求。推进污水管网建设和专业化运营,高标准规划建设一批环境友好型污水处理厂。健全区域大气污染联防联控机制,扩大污染物总量控制范围,将细颗粒物等环境质量指标列入约束性指标,力争 2025 年 PM 2.5 浓度达到世卫组织过渡期第三阶段标准。2035 年力争达到世卫组织准则值。加强噪声污染防治,严格防控工业、社会生活和建筑施工噪声,加强建筑噪声的监督管理和检查执法。

(三) 推动绿色低碳发展

树立节约集约循环利用的资源观,实施全民节能计划,提高节能、节水、节地、节材标准,大力推进绿色低碳循环发展。全面建设海绵城市,加强雨洪、再生水、海水等非传统水资源的开发利用,全面推广"直饮水"入户,实行最严格的水资源管理制度,建设节水型社会,2025 年单位 GDP 水耗下降到 7 立方米/万元左右,率先在全国实现公共场所直饮水全覆盖。推动城市垃圾减量化、资源化、循环化,加强生活固体废弃物、工业废弃物、危险废弃物的利用和处置,大力推行生活垃圾分类和减量,推动无害化处理和综合回收利用。推进能源结构清洁化,发展智能电网,普及新能源汽车,打造新型电气化城市标杆,2025 年全面禁售燃油车,非化石能源占一次能源消费比重力争达到 30%。增加深圳碳交所交易品种,扩大交易领域和范围,争取打造全球重要的碳和污染物排放权交易中心。推广低能耗绿色建筑,2025 年建成绿色建筑面积 1 亿平方米,成为全球绿色建筑示范城市。

(四) 建设美丽宜居的一流湾区城市

依据生态格局统筹生产、生活布局,依据环境容量和城市综合承载能力确定城区规模和开发强度,以自然为美,促进山水景观与城市建设相互融合,建设美丽宜居的湾区城市。提升城市景观和城市形象,保护城市肌理,加强城区细节设计,提高城市建设的美学水平,突出现代、时尚、活力的特色,增强城市的人性化和人情味。充分利用山海自然资源,突出海湾城市、山水城市、组团城市特色风貌,营造若干海湾特色风貌区,构建滨海天际线,建设漫长滨海休闲景观带和活力海岸带,打造人与自然和谐共处的魅力湾区城市。

三　具体举措

紧盯"美丽"目标，紧扣污染防治攻坚战和"加快生态文明体制改革、建设美丽中国"，在新一轮发展中，深圳市将持续坚持创新、协调、绿色、开放、共享的新发展理念，打造具有"深圳质量"的生态文明，争创体现深圳特色生态文明发展模式的示范标杆。

（一）推进绿色发展

党的十九大报告提出推进绿色发展，应加快建立绿色生产和消费的法律制度和政策导向，建立健全绿色低碳循环发展的经济体系，构建市场导向的绿色技术创新体系，构建清洁低碳、安全高效的能源体系，推进资源全面节约和循环利用，倡导简约适度、绿色低碳的生活方式等。

1. 建立健全绿色低碳循环发展的经济体系

落实城市发展战略格局。积极构建以中心城区为核心的"三轴两带多中心"城市格局，统筹推进各区发挥资源禀赋和区位优势，逐步形成横向错位发展、纵向分工协作的发展格局，同时完善"2个城市主中心＋5个城市副中心＋10个组团中心"的多中心组团格局建设。

推动产业园区集聚。按照循环经济理论、生态学原理和低碳发展要求加强产业空间布局优化。高起点规划、高质量建设、高标准设置产业园区，严格建设标准和企业准入条件，加快基础设施建设，形成科学合理的产业空间布局和新的产业增长极。加快旧产业园区改造、功能置换和转型升级，提升产业用地功能及效率，推动产业园区空间集聚。

加快产业绿色转型。促进传统产业转型升级，应用先进制造技术、信息技术改进优势传统产业生产组织方式和商业模式；实施新一轮企业技术改造，提高企业生产技术水平和效率；开展低端落后产业清退，加大重污染企业和落后产能淘汰关停力度。推进现代服务业高端发展，积极推动生产性服务业向专业化和价值链高端延伸，推动生活性服务业向精细和高品质转变。此外，大力发展战略性新兴产业和未来产业，推动"中国制造2025""互联网＋""机器换人"等计划实施，催生产业新业态，打造更具先进生产力特征的"深圳智造"。

积极发展循环经济。按照减量化、再利用、资源化的原则，推动园区废物、能量、水等资源能源高效、循环利用，探索建立资源产出率统计体系。同时，创新园区循环化改造模式，采取合同能源管理方式推进园区及企业节能改造，打造园区循环化改造标杆。在资源循环利用产业发展方面，逐步完善电子废弃物回收再利用体系，统一集中回收废金属、废塑料、废玻璃、废弃织物等可回收物，建立废旧家具等大件垃圾收运处理体系；完善全市餐厨垃圾单独收运处理系统；加强一般工业固体废物管理，大力推进工业固体废物安全处置中心建设。

2. 构建市场导向的绿色技术创新体系

明确绿色科技创新方向。大力发展新能源汽车、先进可再生能源、高效储能、节能技术和装备、节能产品、节能监测设备、新型节能建筑材料等技术，形成以创新为主要引领的经济发展模式。围绕大气、水、土壤等领域环保需求，加强先进适用环保技术装备研发和产业化，重点转化推广大气污染防治技术、废水处理和再利用、建筑垃圾、城市生活垃圾处理技术，并鼓励发展环境咨询、环境监理、工程技术设计、评估等环保服务业，持续提升先进科技创新能力。

支持绿色科技组织建设。积极推动政府、企业和研究机构形成合力，健全以企业为主体、"官产学研资"相结合的绿色发展联合创新模式。以支持企业与高等院校、科研机构、上下游企业、行业协会等共建研发平台和技术创新战略联盟为重点，支持联盟承担重大科技项目、制定技术标准、编制产业技术路线图。大力加强高水平学科和研究机构建设，争取国家在深圳布局建设生态领域重大科技基础设施，并积极承担国家、省重大专项和科技计划项目。

加大绿色科技转化力度。实施节能环保产业振兴发展政策和规划，大力促进自主创新和成果转化。以提升全市节能环保产业发展水平为目标，采取多元化方式支持、培育和引进产业链条关键环节缺失的重点项目。积极拓宽融资渠道，支持龙头企业做大做强，助推中小企业快速成长，打造高端绿色环保产业与环保服务业集聚区，创造良好产业发展环境。

构建绿色金融创新体系。积极推进绿色信贷，支持符合条件的绿色企业上市融资和再融资，支持金融机构和企业发行绿色债券。鼓励金融产品创新，强化银行等金融机构对创新发展的服务功能。设立创投引导基金，出台促进股权投资基金业发展的若干规定，建立从实验研究、技术开发、产品中试到规模生产的全过程科技创新融资模式。建立健全企业和金融机构环境信息公开披露制度，推进形成支持绿色信贷等绿色业务的激励机制和抑制高污染、高能耗和产能过剩行业融资的约束机制。

3. 构建清洁低碳、安全高效的资源能源体系

加快低碳经济发展。围绕碳排放达峰目标制定低碳发展路线图，建立健全碳排放统计、核算制度，定期编制温室气体排放清单。对于低碳产业，建立低碳技术推广目录，加大低碳产业发展资金和政策支持力度，推动新兴低碳产业发展。加快国际低碳清洁技术交流合作平台建设，加强低碳发展国际合作。

推动能源节约管控。面对减排压力巨大、资源环境逼近上限等问题，深圳市需要构建清洁高效的现代能源体系，加强储能和智能电网建设，提高非化石能源占一次能源消费比重，比如发展清洁能源、可再生能源；积极发展分布式电源，鼓励区域集中供热（冷）和能源梯级利用，扩大天然气利用规模。同时，合理确定能源消费总目标，落实节能降耗目标责任制，健全节能考核评价、统计监测和监督管理体系。在发展高效节能产业，推行合同能源管理的同时，全面推动交通、工业、商贸及公共机构等重点领域节能降耗，并强化固定资产投资项目节能评估和审查工作。

提高水资源利用效率。对于本地水源匮乏、水资源对外依存度高等问题，深圳市严格水资源管理制度，加快水资源综合利用标准体系建设，健全用水总量控制制度和节约集约用水机制，促进水资源使用结构调整和优化配置。在巩固节水型城市、节水型社会创建成果的同时，推进再生水、海水淡化示范项目建设，提高非传统水资源利用率；加快节水技术研发和产业标准制定，推进企业节水改造，提高工业用水重复利用率。此外，健全直饮水规划建设标准，优化供水网络，继续推进优质饮用水入户工程。

4. 倡导简约适度、绿色低碳的生活方式

着力打造绿色建筑之城。深圳市将持续落实绿色建筑促进办法，要求新建民用建筑全部执行绿色建筑标准，鼓励新建大型公共建筑、标志性建筑项目执行高星级绿色建筑标准，加快推广装配式建筑，开展重要功能区和重点园区绿色生态试点工作。同时，推进建筑废弃物减排和综合利用，

推广使用移动式建筑废弃物处理设备和技术，并继续推进建筑废弃物综合利用项目规划建设。

打造绿色交通体系。为构建与深圳高密度、超大城市发展相匹配的城市公共交通体系，深圳市将加快轨道交通规划建设，优化轨道站点周边慢行交通建设，并以大鹏新区等区域为试点，探索推广中运量交通系统。新能源汽车方面，加快充电设施网络规划和建设，继续实施新能源汽车推广应用财政补贴政策，推广应用新能源物流车。此外，将创新交通管理思路和方式，加快智能交通科技应用，持续开展交通拥堵综合治理工作。

推进政府绿色行政。以巩固党政机关、事业单位、国有企业"低碳节约型机关（企业）"创建活动成果为基础，积极推广无纸化办公和电子政务系统建设。推行绿色采购制度，推动建立统一的绿色产品标准、认证体系，建立绿色采购的宣传机制、信息平台和质量监督体系。

引导市民建立绿色消费模式。倡导生态文明行为新风，引导公众自觉抵制过度消费、炫耀消费等畸形消费观念和高能耗、高排放、高开支、高浪费的生活方式；倡导环境友好型消费，推广绿色服装、引导绿色饮食、鼓励绿色居住、普及绿色出行、发展绿色休闲。同时，探索个人碳账户积分试点和"碳币"奖励等多种方式提升公民积极性，推动全社会形成绿色消费自觉。

（二）着力解决突出环境问题

十九大报告要求着力解决突出环境问题，应持续实施大气污染防治行动，加快水污染防治，强化土壤污染管控和修复，开展农村人居环境整治行动，加强固体废弃物和垃圾处置，提高污染排放标准，强化排污证责任，健全环保信用评价、信息强制性披露、严惩重罚等制度，构建政府为主导、企业为主体、社会组织和公众共同参与的环境治理体系等。

1.实施水环境质量综合整治

保障饮用水源安全。加大水源保护区内违法建筑和排污口清理力度，定期开展饮用水源地环境风险排查，落实防控措施。推进主要水源地上游区域雨污分流，消除污染隐患。完善一级水源保护区隔离围网，实现封闭管理。同时，完成深圳、铁岗等水库入库支流的综合治理；开展水源保护区内源污染治理，实施西丽、石岩等水库内水生态修复；开展深圳、西丽、长岭皮、清林径等供水水库水源涵养林建设。

加快水污染防治。要积极落实重点河流水体达标方案，实施"一河一策"，确保"河长制"落到实处。在此基础上，加快推进茅洲河、坪山河干流及其他尚未整治支流的水环境治理工作。继续发挥治污保洁平台功能，将黑臭水体治理工程项目纳入治污保洁任务中，及时督办，严格考核。加大黑臭水体治理力度，采取控源截污、内源治理、生态修复、生态补水等措施，每季度向社会公布治理情况。

完善污水处理能力和污水管网建设。高标准规划建设环境友好型污水处理厂，在有条件的区域，因地制宜建设人工湿地。实施污水处理厂提标改造工程，出水达一级A及以上标准。推进分散式污水处理设施建设，构建适度集中、系统完善的污水处理体系。新建城区和城市更新区严格实行雨污分流，加快市政污水管网的改造完善项目。优先实施水源保护区、重点片区、城市更新区、城中村、旧城中心区的管网建设，新建污水处理设施的配套管网同步设计、同步建设、同步投运。

推进近岸海域水环境改善。加强陆海统筹，开展近岸海域环境纳污容量研究，实施入海污染物排放总量控制。深入调查全市入海排污口，制定综合治理方案；编制港口、码头、装卸站污染防治方案，加强全市船舶、码头、港口和装卸站等污染防治工作。针对不同湾区特点，实施相应的水环境综合整治措施；增强水体交换与调配，提高湾区水循环速度和强度。

2.进一步提升大气环境质量

综合控制机动车排气污染。实施清洁柴油机计划，禁止轻型柴油车注册登记，控制中、重型柴油车总量，启动颗粒物捕集器（DPF）改造，全面供应国VI车用燃油，基本淘汰国Ⅰ、国Ⅱ排放标准的汽油车及使用10年以上国Ⅲ排放标准的柴油车。

加快推进港口船舶污染控制。推进绿色港口建设，推进港区内集装箱牵引车使用LNG清洁能源，鼓励淘汰港区高耗能、低效率的老旧牵引车。发布岸电使用率指导性要求，提高岸电补贴标准，强制靠港船舶使用岸电或转用低硫燃油。加强对在航船舶监管，禁止使用船用残渣油。

开展挥发性有机物污染治理。全面开展工业企业挥发性有机物治理，逐步禁止销售、使用高挥发性有机物含量原辅材料。使用溶剂型原料的生产线必须全封闭，有机废气收集率、净化率均应达到90%以上，确保达标排放。开展加油站等油气回收装置维护与检查。推进挥发性有机物排放企业配套在线监测系统，研究实施挥发性有机物排放总量管理和排污许可证制度。

全面深化扬尘污染控制。全面落实建设工程扬尘污染属地管理，建设全市扬尘源 TSP 在线监测和视频监控平台。全面整治地铁建设、拆除工程、预拌混凝土搅拌站、沥青混凝土搅拌站、余泥渣土受纳场、砂石和水泥供应站等场地的扬尘污染。加强道路、裸露地面扬尘污染防治；全面使用全封闭清洁能源泥头车，加强泥头车超载、带泥上路、沿途洒漏等及其他交通违法的执法检查。

3. 加强土壤污染管控和固废处置

全面开展土壤环境质量调查。开展重点行业企业及环境基础设施用地、已收回建设用地、集中式饮用水水源地、农用地土壤环境质量详细调查。将土壤环境调查评估结果作为居住用地、商业服务业用地、公共管理与服务设施用地等功能的土地使用权划拨、出让、作价出资及租赁的前置条件。完善土壤环境监测网络，构建土壤环境信息化管理平台。

加强土壤分级分类管理。加强农用地土壤环境分类管理，按土壤污染程度，将"菜篮子"基地、基本农田、果园和茶园分类建立清单，实施分类管理。实施集中式饮用水水源地土壤分级管理，严控集中式饮用水水源地新增污染，修复一级饮用水源保护区内污染地块，管控二级饮用水源保护区内污染地块。实施建设用地分用途管理，将建设用地土壤环境管理要求纳入城市规划和供地管理，土地开发利用必须符合土壤环境质量要求。强化新建项目环境准入约束，严格执行相关行业企业布局选址要求。

开展土壤污染治理与修复。根据土壤污染物类型、污染程度、土地利用现状等因素，选择具有代表性的受污染集中式饮用水水源地和建设用地，有计划、分步骤地开展土壤污染治理与修复试点示范，逐步建立土壤污染治理与修复技术体系。同时，建立土壤污染治理与修复全过程监管制度，严格修复方案审查，加强修复过程监督和检查，委托第三方机构对修复效果进行评估，土壤污染治理与修复工程实行终身责任制。

环境基础设施建设提升改造。提升改造现有垃圾焚烧厂烟气处理系统排放达到欧盟标准，高标准配套建设渗滤液、飞灰等二次污染治理设施。加快推进福田、宝安、光明、大鹏等地餐厨垃圾处理设施建设。在全市所有具备条件的污泥处理设施实施升级改造，杜绝臭气扰民。加强高新技术产业特征危险废物的处理能力建设，确保新型产业危险废物得到无害化处理处置，开展医疗废物处置能力扩建的评估和综合论证，加快能力建设。

4.开展农村人居环境整治行动

统筹城乡发展。以完善配套和改善环境为目标，以综合整治为主，拆除重建为辅，积极引导原农村集体经济组织发展转型升级，提高城中村生活环境品质。对具有历史文化特色的城中村，修缮具有历史文化价值的建筑群，强调历史文脉的传承与延续。基于已有宜居社区平台，针对余下的城中村社区，继续创建一批广东省宜居社区。

补齐农村人居环境突出短板。开展城中村"净化"整治，因地制宜开展硬化、绿化、美化和照明提升。加强城中村内雨污管网建设，推动城中村雨污分流改造。完善道路基础设施，清理整治乱停放、乱拉挂等"六乱"行为。清理非法养殖，完成畜禽养殖禁养区规模化养殖企业的清退。推进专业物业公司进驻城中村，巩固整治提升成果。

5.构建环境治理和生态保护市场体系

健全生态文明法规标准。推进修订已有生态文明建设相关法规，结合深圳市生态文明建设要求和实践，积极开展资源环境法治创新，推进湿地保护、排污许可证管理、土壤污染防治等方面立法工作，探索建立深圳生态环境保护标准体系，进一步完善地方生态文明法制体系。

实施最严环境监管执法。严格落实《中华人民共和国环境保护法》，建立和完善严格监管所有污染物排放的环境保护管理制度，运用按日连续处罚等经济制裁和媒体曝光等手段，强化生态环境保护主体责任。加强生态环境执法，组织开展经常性的环境污染问题排查、检查、督察，严格事前事中事后监管，严厉打击各类环境违法犯罪行为。

健全排污许可证和排污权交易制度。按照国家部署，围绕"环境管理效能和环境质量双提升"的总体目标，分阶段分行业推进排污许可证改革，通过整合、衔接、优化环境影响评价、总量控制、环保标准、排污收费等管理制度，实施排污许可"一证式"管理，推进多污染物综合防治和统一管理，强化事中事后监管，将排污许可建设成为固定点源环境管理的核心制度。同时，稳步推进排污权有偿使用和交易工作，促进污染减排和环境资源的优化配置。

深化环境污染强制责任保险制度。在电镀、印制线路板、危险废物经营等高环境风险行业，进一步推行环境污染强制责任险。实施环境污染强制责任险与环境信用和环境风险管理的双挂钩机制，建立保险手段服务于重点源环境风险管控的工作机制。

构建多元参与共治体系。推进环境管理战略转型，形成政府、市场、社会等多元主体在环境治理中协同协作、相辅相成的新局面。强化政府作为规则制定者和行为监督者的角色，明确各企业事业单位为环境保护的责任主体，健全企业环保信用评价制度，实行企业开展自行检测和环境信息公开，打造企业自觉守法的制度环境。鼓励和支持市民和社会组织参与生态文明建设，完善环境投诉举报与诉讼制度。

（三）加大生态系统保护力度

党的十九大报告要求加大生态系统保护力度，应实施重要生态系统保护和修复重大工程，构建生态廊道和生物多样性保护网络，完成生态保护红线划定、永久基本农田、城镇开发边界三条控制线划定工作，开展国土绿化行动，推进荒漠化、石漠化、水土流失综合治理，强化湿地保护和恢复，加强地质灾害防治，严格保护耕地，建立市场、多元化生态补偿机制等。

1. 实施重要生态系统保护和修复工程

开展重点海洋生态系统修复。重点开展深圳湾、东涌、鹿咀、坝光等典型红树林分布区的生态调查，以红树林湿地保护为核心，重点开展深圳湾滨海休闲带西段、桂庙河口前海湾段、坝光滨海湿地、东西涌、小铲岛等地区的生态修复工程，增加红树林群落多样性。同时，加强现有自然岸线保护和修复，通过驳岸生态化改造，逐步恢复岸线的生态功能。

加强生态景观廊道建设。依托山体、水库、海岸带等自然区域，通过生态廊道连通和关键生态节点建设，构建由生态景观带、城市组团隔离绿廊、区域绿地连接绿廊及蓝绿通廊组成的生态廊道系统，形成"区域绿地→大型城市绿廊＋蓝绿生态景观通道→大型城市绿地"的城市生态安全格局。

加强生物多样性保护与管理。不断完善广东内伶仃福田国家级自然保护区示范保护区建设，推进大鹏半岛、铁岗—石岩湿地、田头山等自然保护区的建设。完善生物多样性部门沟通协调机制，防控外来生物入侵，开展外来物种入侵情况调查，建立外来物种数据库及预警机制，加强生物多样性、生物遗传多样性、生物安全管理。开展物种保护管理和种群恢复工作，建成珍稀苏铁迁地保护中心，推进市花簕杜鹃创新繁育基地建设。建立市域生态监测体系，定期开展生态状况调查与评估，推动建立统一的监测预警评估信息发布机制。

2. 构建生态安全格局

划定并严守生态保护红线。深圳市拟印发实施生态保护红线划定工作方案，在实现基本生态控制线分级分类管理的基础上，在重点生态功能区和生态环境敏感脆弱区划定生态保护红线。下一步，要推动生态保护红线管理的立法，实施更具刚性和约束力的生态保护红线管控制度。

严格保护永久基本农田。按照面积不减少、质量不下降、用途不改变的要求，继续严格实行耕地占一补一、先补后占、占优补优的原则，严守永久基本农田。

科学界定城镇开发边界。科学划定城市开发边界，推动城市发展由外延扩张向内涵提升转变，将建设用地比例控制在市域面积的50%以内。

3. 开展国土绿化行动

创建国家森林城市。为打造更加宜居的生态绿地系统，要大力开展森林生态修复，优化林分结构，增加森林碳汇总量。同时，加快推进三洲田森林公园等重点项目建设，将仙湖植物园打造成为国际知名植物园，并全面提升社区公园建设和管理投入标准，建设和保护由自然保护区、森林公园、风景名胜区、地质公园、湿地公园等类型构成的自然保护体系，丰富和完善"自然公园—城市公园—社区公园"三级公园体系，全面打造"公园之城"。

严格实施城市生态水土保持。全面加强水土保持管理，开展水库流域水土保持生态修复工程、道路硬质边坡生态系统功能建设。加强开发建设项目建筑工地裸露面覆盖，实施排水沉沙等临时水土保持措施，降低河道、市政管网、排水箱涵等泥沙含量。加强水土保持监督监测，实现水土保持监督监测从定性监管向"制度＋技术"定量化监督监测转型。

全面提升湿地管理水平。高标准打造以"五河、两岸、多库"为主体的湿地保护体系。突出深圳城市湿地特色，实现防护型湿地、资源利用型湿地、水质净化型人工湿地、湿地公园等分类管理建设。高标准建设示范性湿地公园，推进省级湿地公园挂牌，加快建设水质净化型人工湿地，升级调整现有人工湿地。完善深圳市湿地保护制度体系、综合管理体系、科研监测体系建设。加快划定湿地红线，落实湿地用途管制和占补平衡。

4. 完善资源有偿使用和生态补偿制度

加快自然资源及其产品价格改革。建立自然资源开发使用成本评估机制，将资源所有者权益和生态环境损害等纳入价格形成机制。调整水价和污水处理收费标准。完善国有土地资源有偿使用制度，完善海域海岛有偿使用制度。

完善生态补偿机制。优化大鹏新区等重点生态功能区转移支付，完善生态保护成效与资金分配挂钩的激励约束机制，研究建立多元化生态补偿机制，探索建立对重点生态功能区的生态补偿实施办法和绩效评价体系，逐步建立健全生态补偿专项转移支付制度。

（四）改革生态环境监管体制

党的十九大报告要求改革生态环境监管体制，应加强对生态文明建设的总体设计和组织领导，设立国有自然资源资产管理和自然生态监管机构，完善生态环境管理制度，构建国土空间开发保护制度等。

1. 建立自然资源资产管理和自然生态监管制度

建立自然资源资产产权和管理制度。以不动产统一登记、地籍调查和土地总登记工作为基础，逐步建立全市自然生态空间统一确权登记系统。通过组织开展自然资源资产调查、登记和入账等工作，建设自然资源资产清单和信息管理平台，形成高效运转的自然资源资产管理机制。制定权责清单，明确各类自然资源监管责任，界定监管单位行使所有权的资源清单和空间范围。

编制全市自然资源资产负债表。在典型区域试点经验基础上，构建符合深圳实际的资产和负债核算办法，编制全市自然资源资产负债表，定期评估自然资源资产变化状况。在此基础上，建立自然资源资产数据台账管理制度和数据共享机制，健全深圳市自然资源资产定期普查机制，并探索自然资源资产负债表在领导干部自然资源资产审计、生态文明建设评估考核、绿色 GDP 核算、生态环境损害赔偿、生态补偿等领域的应用。在资产核算基础上，探索在典型城区建立自然资源资产资本化的市场机制。

2.强化生态环境管理制度和治理体系

健全生态文明体制改革机制。引入生态文明体制改革第三方评估机制，定期评估改革举措落实情况、群众认可情况以及推进落实机制存在的问题及提升的空间，为生态文明体制机制改革工作提供保障。进一步完善改革小组议事协调机制，固化定期研究改革重大事项、定期汇报改革进展等推进机制，有效建立成员单位联络员制度，确保协调高效，形成改革合力。

完善生态环境保护"党政同责、一岗双责"制度体系。研究制定《深圳市环境保护"党政同责、一岗双责"实施规定》，编制全市生态环境保护工作责任清单，明确和细化全市各级党委、政府和有关部门的生态环境保护工作责任，构建"地方党政负责、环保机构监管、相关部门联动"的工作格局。定期组织开展生态环境保护专项督促检查，推动中央、省、市生态环境保护决策部署落到实处。

落实环保监测监察执法垂直改革。开展全市环保监测监察执法垂直管理改革，调整市、区环保机构管理体制，大幅增强环保执法一级执法力度，建立一体化的生态环境监测体系和监管执法机制。积极构建环境智慧指挥平台，打造全市环境管理数据集成、运行监测、分拨处置、指挥协同和应用评价中心，通过信息化手段，对污染源实现全流程监控，实施精细化监管、精准化打击，以科技手段提升环境管理决策统筹能力。

推进污染源第三方治理。以茅洲河流域综合治理工程为基础，通过政府购买服务等方式，吸引社会资本对固定污染源环境污染治理投资，加速推进工业入园和污染集中整治，促进环保产业发展，推动污染源污染防治和环境管理水平整体提升。

实施生态环境损害赔偿制度。深化国家环境损害鉴定评估试点，推动环境损害鉴定评估相关法律制度、方法标准以及实施机制的本地化。

3.构建国土空间开发保护制度

建立资源环境承载力监测预警机制。在试点基础上，持续开展资源环境承载力实时监测与评估，构建覆盖所有资源环境要素的监测网络体系，推动承载力监测预警常态化、信息化、可视化、网络化，建立深圳市资源环境承载力定期评价、报告和发布机制。将资源环境承载力与空间管制制度、基本生态控制线管理制度、生态保护红线管理制度相结合，规范城市空间开发秩序，合理调控开发强度。

优化空间规划体系。探索"多规合一"，优化空间规划体系，全面统筹经济与产业、土地与人口、资源与环境协调发展。依据资源禀赋、环境容量和生态状况，制定区域差异化管理制度，做好环境差异化要求空间落地和用途管制工作。

节约集约利用土地资源。高效利用土地资源，加大土地整备力度，强力推进建设用地清退工作，全面盘活存量土地资源。将开发强度指标分解到各区，控制建设用地总量，逐年减少新增建设用地。

鼓励城市绿色更新。不断完善城市更新政策体系，积极开展片区统筹试点，实现区域城市更新联动。坚持综合整治、功能改变和拆除重建等多种模式并举，加快城中村、旧工业区、旧商业区和旧住宅区改造，焕发旧城活力。以城市更新为契机，融入生态理念，实施生态修复，逐步实现居住环境和条件改善，提高基础设施支撑能力和城市安全保障能力，促进城市有质量有秩序和可持续发展。

4.推行生态文明考核和责任追究制度

完善生态文明建设考核制度。优化完善深圳生态文明建设考核制度和方案，建立以环境质量、生态资源指标为主要基础的考核指标体系，将资源消耗、环境损害、生态效益等绿色发展内容纳入考核。完善生态文明考核奖惩机制，将考核结果作为领导干部任免奖惩的重要依据。

开展生态文明绩效评价试点。在盐田区、大鹏新区率先建立生态系统生产总值核算体系和 GEP、GDP 双轨运行机制，建立健全 GEP 核算技术规范，并适时扩大 GEP 核算地区范围。继续推进深圳市环境经济核算（绿色 GDP 2.0）试点工作，引导城市建设管理绿色化转型。

实施领导干部自然资源资产责任审计制度。研究完善领导干部自然资源资产责任审计领导机制，客观评价领导干部履行自然资源资产管理责任情况。加强审计结果运用，持续推进审计试点工作。

建立党政领导干部生态环境损害责任追究机制。研究制定《深圳市党政领导干部生态环境损害责任追究实施细则》，以自然资源资产离任审计结果和生态环境损害情况为依据，用严格责任追究来倒逼领导干部履行生态环保职责。

参考文献

1. 陈寿朋、杨立新等：《生态文化建设论》，中央文献出版社2007年版。
2. 车秀珍、刘佑华、陈晓丹：《经济发达地区生态文明建设探索——深圳市生态文明建设实践与策略》，科学出版社2016年版。
3. 杜栋、庞庆华、吴炎：《现代综合评价方法与案例精选》（第二版），清华大学出版社2008年版。
4. 樊杰、王传胜、汤青、徐勇、陈东：《鲁甸地震灾后重建的综合地理分析与对策研讨》，《地理科学进展》2014年第8期。
5. 封志明、杨艳昭、张晶：《中国基于人粮关系的土地资源承载力研究：从分县到全国》，《自然资源学报》2008年第5期。
6. 封志明、杨艳昭、游珍、张景华：《基于分县尺度的中国人口分布适宜度研究》，《地理学报》2014年第6期。
7. 高吉喜、黄钦、聂忆黄等：《生态文明建设区域实践与探索：张家港市生态文明建设规划》，中国环境科学出版社2010年版。
8. 高世楫：《把生态文明建设融入发展全过程》，《人民日报》2016年10月12日第12版。
9. 侯爱敏、袁中金：《国外生态城市建设成功经验》，《生态城市》2006年第1期。
10. 黄承梁：《论生态文明融入经济建设的战略考量与路径选择》，《自然辩证法研究》2017年第1期。
11. 黄国勤：《生态文明建设的实践与探索》，中国环境科学出版社2009

年版。

12. 黄娟、高凌云：《论政治建设与生态文明建设协调发展》，《创新》2015 年第 2 期。

13. 黄肇义、杨东援：《国外生态城市建设实例》，《国外城市规划》2001 年第 3 期。

14. 姜爱林、钟京涛、张志辉：《国内外城市环境治理发展历程述评》，《防灾科技学院学报》2008 年第 3 期。

15. 鞠美婷、王勇、孟伟庆等：《生态城市建设的理论与实践》，化学工业出版社 2007 年版。

16. 李超骍、马振邦、郑憩：《中外低碳城市建设案例比较研究》，《城市发展研究》2011 年第 1 期。

17. 李桂花、高大勇：《把生态文明建设融入经济建设之两重内涵》，《求实》2014 年第 4 期。

18. 李珉婷：《生态文明建设与经济发展的协调问题的思考》，《吉林广播电视大学学报》2016 年第 4 期。

19. 罗巧灵、胡忆东、丘永东：《国际低碳城市规划的理论、实践和研究展望》，《规划师》2011 年第 5 期。

20. 刘文玲、王灿：《低碳城市发展实践与发展模式》，《中国人口·资源与环境》2010 年第 4 期。

21. 马交国、杨永春：《国外生态城市建设实践及其对中国的启示》，《国外城市规划》2006 年第 2 期。

22. 潘岳：《生态文明知识读本》，中国环境出版社 2013 年版。

23. 曲翠洁、张英魁：《生态文明融入政治建设的机制研究——在十八届三中全会语境中》，《宁夏党校学报》2014 年第 2 期。

24. 秦书生、晋晓晓：《生态文明理念融入政治建设的路径探析》，《环境保护》2016 年第 1 期。

25. 孙林、康晓梅：《生态文明建设与经济发展：冲突、协调与融合》，《生态经济》2014 年第 10 期。

26. 沈满洪、程华、陆根尧等：《生态文明建设与区域经济协调发展战略研究》，科学出版社 2012 年版。

27. 苏熠贝：《生态文明建设融入经济建设问题研究》，硕士学位论文，河北大学，2016 年。

28. "推进生态文明建设　探索中国环境保护新道路"课题组：《生态文明与环保新道路》，中国环境科学出版社 2010 年版。

29. 吴风章：《生态文明构建：理论与实践》，中央编译出版社 2008 年版。

30. 王宏斌：《生态文明与社会主义》，中央编译出版社 2011 年版。

31. 吴良镛：《人居环境科学导论》，中国建筑工业出版社 2001 年版。

32. 王玉庆：《把生态文明融入四个建设》，《人民日报》2013 年 7 月 19 日第 7 版。

33. 薛晓源、李惠斌：《生态文明研究前沿报告》，华东师范大学出版社 2007 年版。

34. 许耀桐：《十八大以来中国特色社会主义政治建设的新发展》，《党政研究》2017 年第 6 期。

35. 严耕、杨志华等：《生态文明的理论与系统建构》，中央编译出版社 2009 年版。

36. 严耕、林震、杨志华等：《中国省域生态文明建设评价报告：ECI 2010》，社会科学文献出版社 2010 年版。

37. 颜京松、王如松：《生态市及城市生态建设内涵、目的和目标》，《现代城市研究》2004 年第 3 期。

38. 余谋昌：《将生态文明融入经济建设的各方面和全过程》，《郑州轻工业学院学报》（社会科学版）2013 年第 5 期。

39. 袁国华、郑娟尔、贾立斌、王世虎、罗世兴、席皛：《资源环境承载力评价监测与预警思路设计》，《中国国土资源经济》2014 年第 4 期。

40. 翟坤周、邓建华：《生态文明融入经济建设的本质意涵及绿色化路径》，《湖南行政学院学报》2015 年第 6 期。

41. 中国城市科学研究会主编：《中国低碳生态城市发展战略（提要）》，《建设科技》2009 年第 20 期。

42. 《中共中央关于全面深化改革若干重大问题的决定》，人民出版社 2013 年版。

43. Peter Hardi, *Terrence Zdan. Assessing Sustainable Development Principles in*

Practice, Printed in Cananda Canadian Cataloguing in Publication Data, 1997.

44. Thomas M. Parris, Robert W. Kates, "Charactering and Measuring Sustainable Development", *AR Reviews in Advance*, 2003.

后　记

　　习近平总书记在党的十九大报告中高度肯定了十八大以来的生态文明建设成就，对生态文明建设提出了新部署和新要求，提出必须树立和践行绿水青山就是金山银山的理念，明确坚持人与自然和谐共生是新时代坚持和发展中国特色社会主义的基本方略之一。同时，《中国共产党章程（修正案）》增加了生态文明的内容，明确提出，中国共产党领导人民建设社会主义生态文明。随后，生态文明写入宪法，把"生态文明"提到国家意志的高度，不仅对中国经济社会的可持续发展影响深远，也是中国对国际社会做出的庄严承诺。

　　深圳因改革开放而生、因改革开放而兴，过去 40 年，深圳在生态文明等各领域开展了一系列探索和实践。2007 年，以"一号文件"确立了"生态立市"战略，2008 年，深圳成为全国首批生态文明建设试点地区，同年，深圳发布"1980 文件"，是全国首个专题围绕生态文明城市建设而提出的地方政府文件。2014 年，市委市政府出台《关于推进生态文明、建设美丽深圳的决定》，指导全市进一步深入推动生态文明建设。近几年，深圳市人居环境委员会按照市委市政府部署，协同各相关部门，积极推进生态文明体制改革，积极探索出一条经济与环境协调发展的新路。

　　走进新时代，踏上新征程，按照党的十九大精神的指引把"五位一体"总体布局统筹推向前进，我们就一定能不断开辟中国特色社会主义事业新局面，奋力谱写社会主义现代化新征程的壮丽篇章。

　　本书由深圳市人居环境委员会指导，深圳市环境科学研究院课题组编写，主编车秀珍、邢诒、陈晓丹。本书引论、第一章为课题研究期间课题组成员和有关专家撰写的相关总结，第二章到第六章尝试从生态文明和经济、政治、文化、社会建设"五位一体"的角度，论述深圳在该领域的探索、案例及成效。第七章为深圳承担国家及重点领域生态文明试点示范建设的实践探索。第八章结合当前深圳实际，提出新时期深圳率先建设社会主义现代化先行区的战略目标和关键路径。

课题研究和本书的编撰得到了国内相关领域著名专家学者的关心和支持，栾胜基教授、乌兰察夫教授、王东教授、路云辉教授、姜智红教授、伍凤兰教授对相关课题和书稿提出了宝贵的意见和建议。深圳市社会科学研究院科研处多次与本书编者沟通编辑事宜，市发展改革委、市规划国土委、市城管局、市水务局、盐田区政府、大鹏新区管委会等单位提供了调研材料，社会组织深圳市红树林湿地保护基金会、深圳市绿源环保志愿者协会也为本书提供了案例素材，编者在此一并致以深深的谢意。

建设生态文明，是一项全新探索，编者努力记录深圳改革开放 40 年来，生态文明建设所做的探索，希望能为生态文明建设贡献自己绵薄之力。

编　者

2018 年 3 月